Elli H. Radinger
Wolfsküsse

RL rütten & loening

ELLI H. RADINGER

WOLFSKÜSSE

Mein Leben unter Wölfen

RL rütten & loening

Mit 21 Abbildungen

FSC
www.fsc.org

MIX

Papier aus ver-
antwortungsvollen
Quellen

FSC® C083411

ISBN 978-3-352-00820-7

Rütten & Loening ist eine Marke der Aufbau Verlag GmbH & Co. KG

1. Auflage 2011
© Aufbau Verlag GmbH & Co. KG, Berlin 2011
Einbandgestaltung capa, Anke Fesel
Satz und Reproduktion LVD GmbH, Berlin
Druck und Binden CPI – Clausen & Bosse, Leck
Printed in Germany

www.aufbau-verlag.de

Bevor wir uns der Umwelt annehmen, müssen wir uns unserer selbst annehmen.

(Thích Nhât Hạnh, Buddhistischer Mönch und Schriftsteller, Zen-Lehrer und Friedensaktivist)

Für meine Mutter

INHALT

VORWORT

Es ist tiefer Winter. Mein Allrad hat es gerade noch bis zur Einfahrt unten an der Straße geschafft. Für den Rest des Weges muss ich die Schneeschuhe anschnallen. »Der Schlüssel liegt unter der Fußmatte«, hatte mir der Vermieter der kleinen Blockhütte in den Bergen von Montana am Telefon gesagt. Alles war vorbereitet, sogar das Feuer im Ofen. Ich musste nur noch ein Streichholz daran halten, schon wurde es gemütlich warm. Ein Stapel Holzscheite sorgte dafür, dass mir nicht kalt werden würde.

Die Cabin ist einfach eingerichtet, aber urgemütlich. Eine bequeme Couch, ein Tisch, den ich ans Fenster rücke. In der kleinen Küche habe ich mir gerade einen Kaffee gemacht. Das große Bett steht an der Wand. Als ich heute Nacht unter den weichen Decken wach geworden war und mit der Hand über die Rundstämme strich, fühlten sie sich warm und lebendig an. Eine Tür führt ins Mini-Badezimmer. Es gibt Strom, fließendes Wasser und ausreichend Feuerholz draußen im Schuppen. Sogar einen alten Kassettenrekorder entdecke ich und ein Tape von John Denver, das ich jetzt einlege. Während ich mich mit dem Kaffee an den Holztisch setze, beobachte ich die muntere Vogelschar, die sich am kleinen Vogelhäuschen auf der Veranda tummelt. Der fürsorgliche Hausherr hat genügend Vogelfutter dagelassen. Draußen liegt tief verschneit der Wald, weiter unten ein See.

Vor mir auf dem Tisch warten zweihundertsiebzig Manuskriptseiten auf die Überarbeitung. Die kleine Cabin soll mir genug Ruhe und Inspiration dafür geben. Als ich darüber nachdenke, wie sich das Buch entwickelt hat, muss ich schmunzeln. Eigentlich wollte ich ein wissenschaftliches Fachbuch schreiben über das Verhalten von Wölfen. Noch ein Fachbuch. Der Stoff, den uns das Verhalten dieser faszinierenden Tierart bietet, geht nie aus. Aber irgendwie entwickelte sich das Fachbuch immer mehr zu meiner persönlichen Geschichte.

Bei jedem Vortrag, jeder Lesung, die ich halte, gibt es Zuhörer, die fragen: »Warum Wölfe?« oder »Wie sind Sie auf Wölfe gekommen?«

Ich wundere mich über die Fragen, denn für mich ist das Leben mit den Wölfen und meine Leidenschaft für sie die natürlichste Sache der Welt. Aber dann wird mir bewusst, dass viele Menschen auch einen Traum haben, so wie ich einst. Mit dem Unterschied, dass es mir inzwischen vergönnt ist, diesen Traum zu leben.

Ich bin keine Biologin, sondern Autorin mit Schwerpunkt Wolf und Hund. Um meinen Traum vom Leben mit den Wölfen zu verwirklichen, gab ich mein früheres Leben auf. Dass diese Entscheidung richtig war, wusste ich in dem Augenblick, als ich zum ersten Mal einem wilden Wolf gegenüberstand und seine Augen in meine Seele zu blicken schienen.

Ich habe das große Glück, seit fast zwanzig Jahren wilde Wölfe in ihrem natürlichen Umfeld beobachten zu können. Sie lassen mich teilhaben an ihrem Leben – an der Jagd, der Paarung und der Aufzucht ihrer Jungen. Das empfinde ich als unbeschreibliches Geschenk, für das ich jeden Moment dankbar bin.

Während ich meinen Kaffee trinke und noch einmal das Manuskript lese, lenkt mich eine Bewegung unten am See ab. Vier Wölfe sind aufgetaucht. Einer von ihnen schaut hoch zur Cabin. Er sieht mich nicht am Fenster – oder doch?

Das warme Gefühl, das sich in mir ausbreitet, hat nicht allein mit dem Feuer im Ofen zu tun. Ich bin nur eine Beobachterin in der Welt der Wölfe; dringe nicht ein und dränge mich nicht auf. Ich sehe ihnen zu und erzähle dabei meine Geschichte und die Geschichte der Wölfe, die ich ein Stück ihres Lebens begleiten durfte.

Unten auf dem Eis tollen die Wölfe umher. Sie springen

übereinander, rutschen aus, lecken sich gegenseitig die Gesichter und sind viel zu schnell wieder im Wald verschwunden.

Ich denke zurück an die vielen Wolfsbegegnungen, die ich hatte. Das komplexe soziale Verhalten dieser Tiere über einen längeren Zeitraum zu beobachten veränderte meine Gedanken und Gefühle. Begriffe wie Moral, Verantwortung und Liebe erhielten einen neuen Sinn für mich. Die Wölfe wurden meine Vertrauten, meine Lehrer und Quelle meiner Inspiration. Dank ihnen vermag ich den Zauber wahrzunehmen, der die Elemente der Natur zusammenhält. Sie haben mich gelehrt, die Welt mit anderen – ihren – Augen zu sehen. Und sie haben mir geholfen, zu verstehen, wer ich bin und wo mein Platz in dieser Welt ist.

Februar 2011

AUFGELÖST

Der schlanke Körper hing über dem Zaun. Das graue Fell wehte im Wind wie eine achtlos weggeworfene Wolldecke. Erloschene Augen. Der Wolf war über den Stacheldraht eines Weidezauns geworfen worden. Erschossen. Ein Mahnmal des Viehzüchters. Seht her, so geht es euch, wenn ihr euch auf mein Land wagt. Montanas Antwort auf die Rückkehr der Wölfe.

Ich streichelte zart die große Pfote. Meine erste Begegnung mit einem wilden Wolf hinterließ eine tiefe Traurigkeit und viele Fragen. Warum? Warum nur so viel Hass?

Noch in der Nacht hatte ich von einem Wolf geträumt. Ich lag im Schlafsack im Auto. Viele Stunden war ich durch die weiten Prärien von Wyoming und Montana gefahren. Als es dunkel wurde, parkte ich meinen Wagen am Rand einer einsamen Landstraße. Das Heulen der Kojoten begleitete mich in den Schlaf. Der Wolf in meinem Traum trabte auf leichten Pfoten durch das Land seiner Väter. Er sah mich lange an. Tief beglückt wachte ich am nächsten Morgen auf. Stille. Sonne. Gabelböcke zogen durch gelbes Weidegras. Dann fiel mein Blick auf den Zaun und den Wolf.

Meine schöne heile Welt war plötzlich gar nicht mehr so heil. Ich war aus meinem Alltag geflohen, um mich nur noch mit positiven Dingen zu umgeben. Wollte alles Negative hinter mir lassen. Und jetzt das. Warum war ich nur hierhergekommen?

Mein neues Leben hatte mit dem Tag meiner Scheidung begonnen. Ich tat das, was viele Frauen in einer solchen Situation tun: Ich beschloss, mein Leben radikal zu ändern, gab meine Zulassung als Rechtsanwältin zurück, hängte die Robe an den Nagel, verließ meine Kanzlei und begann zu schreiben. Ich wollte endlich meinen Traum leben. Schon viel zu lange hatte ich mich mit einem Beruf herumgequält, der mich nicht glücklich machte.

Eigentlich hätte meine berufliche Karriere ganz anders aussehen sollen. Nachdem ich fünf Jahre lang als Stewardess den Duft der großen, weiten Welt geschnuppert hatte, wollte ich »etwas Sinnvolles« mit meinem Leben anfangen. Mit dem unerschütterlichen Optimismus, die Welt vor dem Bösen bewahren und der Gerechtigkeit zum Sieg verhelfen zu können, begann ich, Jura zu studieren. Begeistert stürzte ich mich in das Studium. Gegenüber meinen Kommilitonen, die direkt von der Schule kamen, konnte ich mit Lebenserfahrung punkten. Außerdem verfasste ich leidenschaftlich gern Schriftsätze und versuchte dabei, das Juristendeutsch in eine verständliche Sprache zu bringen. Das Erste Staatsexamen schaffte ich in Rekordzeit. Im Referendaralltag nutzte ich meine Vorkenntnisse aus dem Airlinegeschäft und begann, mich auf Luftverkehrsrecht zu spezialisieren. Praxis-Stationen beim Luftfahrtbundesamt und in der Rechtsabteilung des Frankfurter Flughafens rundeten meine Ausbildung ab. Ich hatte meine Aufgabe gefunden, wollte die erste Fachanwältin für Luftverkehrsrecht werden. Diese Positionen waren Anfang der achtziger Jahre noch rar. Weltweit konnte man die Zahl der Spezialisten an einer Hand abzählen. Vielleicht könnte ich sogar noch Weltraumrecht belegen und mich so meinem alten Kindheitstraum nähern, Astronautin zu werden. Im Kopf hatte ich eine klare Vorstellung von meinem künftigen Leben: Ich jettete als Spezialistin durch die Welt, wurde von der NASA angefordert und schrieb Gutachten darüber, wem der Mond gehört. Ein schöner Traum.

Die Realität war eine andere. Ich fand keine Anstellung in meinem Traumberuf. Um meinen Lebensunterhalt zu verdienen, machte ich mich als Anwältin selbständig und mietete mir eine kleine Praxis, in der ich auch wohnen konnte. Es war sehr schwer, Aufträge zu bekommen. Strafdelikte, Mietstreitigkeiten und Scheidungen ernährten mich mehr schlecht als recht. Mein erster Mandant schuldet mir heute noch das Honorar. Er hatte seine Zivilklage verloren.

»Sie sind eine schlechte Anwältin«, begründete er die Nichtzahlung seiner Rechnung. »Sie sind schuld, dass ich den Prozess verloren habe. Von mir bekommen Sie keinen Pfennig.«

Die Rechtslage meines Mandanten war aussichtslos gewesen. Auch mit einem Spitzenanwalt hätte er den Prozess verloren. Aber er hatte dennoch recht. Ich war keine gute Anwältin. Jeder meiner noch so kleinen Fälle war für mich eine emotionale Herausforderung. Ich wollte, dass meine Mandanten ihr Recht erhielten. Empfand jeden Schriftsatz des gegnerischen Anwalts als persönlichen Angriff. Ich erstickte in Akten und quälte mich zu jedem Gerichtstermin. Mir fehlte die Distanz und Härte, um wirklich »gut« zu sein. Ich war zu sensibel.

Meine Kollegen hatten solche Probleme nicht.

»Du musst härter werden«, rieten sie mir.

Ja, um eine gute Anwältin zu werden, hätte ich härter werden müssen. Doch wie sollte ich das anstellen?

Vor jeder Gerichtsverhandlung bekam ich Magenschmerzen und musste mich übergeben. Ich wurde immer verzweifelter. Wo war mein ursprünglicher Traum, der Gerechtigkeit zum Sieg zu verhelfen, geblieben? Die Erfahrung lehrte mich nun, dass nicht die »Guten« gewannen, sondern jene, die die miesesten Tricks kannten. So konnte und wollte ich nicht für den Rest meines Lebens weitermachen.

Als dann eines Tages der Mann einer Mandantin aus Wut über den verlorenen Scheidungsprozess einen Fernseher durch das geschlossene Fenster in mein Büro warf, reichte es mir. Das war's! Egal, was kommen würde, nichts könnte so schlimm sein wie das.

Genau an diesem Tag traf der Brief mit meinem Scheidungsurteil ein.

Schon seit einem Jahr lebte ich von meinem Mann getrennt. Unsere Ehe war nicht mehr zu retten gewesen. Ich war aus der gemeinsamen Wohnung ausgezogen und hatte mir eine eigene Bleibe gesucht, die ich mit gebrauchten und geschenkten Möbeln einrichtete. Zwei Räume meiner kleinen Mietwohnung funktionierte ich zur Anwaltskanzlei um: ein Büro und ein kleines Wartezimmer. An der Haustür prangte ein Messingschild: Elli H. Radinger, Rechtsanwältin, Sprechzeiten nach Vereinbarung.

Der Kontakt zu meinem Mann beschränkte sich auf das Nötigste. Wir hatten uns auf eine einvernehmliche Scheidung geeinigt, einen gemeinsamen Anwalt genommen und im Vorfeld alles geregelt. So war die Scheidungsverhandlung nur eine Formsache.

Jetzt hielt ich den Beweis in den Händen und war frei. Mein Blick fiel auf einen Spruch, der über meinem Schreibtisch hing: Der Preis der Freiheit ist der Verzicht auf die Bequemlichkeit. War das das Omen, auf das ich gewartet hatte?

Innerhalb von vier Wochen gab ich alles auf, was mein bisheriges Leben ausgemacht hatte, zum völligen Unverständnis meiner Familie und Freunde.

»Bist du wahnsinnig? Wovon willst du denn leben? Du könntest doch als Anwältin Erfolg haben und viel Geld verdienen.«

Ich antwortete nicht. Was sollte ich auch sagen? Sie hatten ja recht. Aber es kümmerte mich nicht mehr. Ich hatte alle Brücken abgebrochen und wollte nicht mehr in mein altes Leben zurück. Stattdessen kehrte ich zurück in den Schoß meiner elterlichen Familie. In ihrem kleinen Einfamilienhaus stand eine Einliegerwohnung leer. Die zwei Zimmer richtete ich mir mit den wenigen Möbeln ein, die ich aus der Mietwohnung mitgenommen hatte. Ich strich sie bunt an, hängte ein paar Poster auf und freute mich an meiner kleinen »Künstlerwohnung«. Mein ehemaliger Arbeitgeber bei der Lufthansa nahm mich sofort auf und gab mir meinen alten Job als Stewardess wieder.

In der Sommersaison arbeitete ich durchgehend und nutzte die Freitickets, um in der restlichen Zeit des Jahres auf eigene Faust durch Nordamerika zu reisen. Ich mietete einen kleinen Camper und erkundete Amerika und Kanada, blieb, wo es mir gefiel, und schrieb Artikel für deutsche Reisemagazine.

Besonders angetan hatten es mir die einsamen Gegenden Nordamerikas. Wochenlang hielt ich mich in den abgelegensten Gebieten von Arizona, Alaska und den Rocky Mountains auf. Das war meine Welt, in der ich mich zu Hause fühlte.

Bei einer dieser Reisen in den Südwesten der USA traf ich auch meine ersten »wilden Hunde« – Kojoten. Wenn ich mit dem Camper in den einsamen Wüstengebieten übernachtete, konnte ich sicher sein, sie als vierbeinige Begleiter in meiner Nähe zu haben. Nachts sangen sie mich mit ihrem melodischen Heulen in den Schlaf. Für mich war das die schönste Nachtmusik.

Kojoten haben schon immer eine führende Rolle in den Sagen und Märchen der Indianer gespielt. Die Wüstenstämme nennen sie »Gotteshunde«, »Trickster« oder »Präriewölfe« und schreiben ihnen übernatürliche Fähigkeiten zu. Ich bewunderte besonders ihre unglaubliche Kunst, sich jeder Situation anzupassen und das Beste daraus zu machen.

Ich beobachtete sie oft stundenlang. Manchmal tauchten sie wie Geister auf und liefen an mir vorbei, mit der Nase einer Spur folgend. Sie schienen mich absichtlich zu ignorieren. Aber ab und zu schaute mich einer der kleinen Gesellen direkt an. Ich spürte seinen Blick, noch bevor ich zu ihm hinsah. Sie störten sich nicht an mir, sondern schienen mir sogar zu vertrauen und zu erlauben, an ihrem Leben teilzunehmen. Das berührte mich sehr. Irgendwie fühlte ich mich ihnen nah, seelenverwandt.

Die Tage und Nächte in der Einsamkeit, die intensive Verbundenheit mit der Natur, die Begegnungen mit den Tieren – das ließ mich nicht mehr los. Ich wollte mehr erfahren über die Lebensweise der Kojoten und ihrer großen Verwandten, der Wölfe. Denn Wölfe hatten mich schon als Kind fasziniert. Ich war mit einem Schäferhund großgeworden, dem Tier, das äußerlich dem Wolf am nächsten ist. Statt mit anderen Kindern hatte ich nur mit ihm gespielt. Meine Eltern fanden mich

17

oft in seiner Hütte, wo ich, eng an ihn gekuschelt, schlief. Er gab mir Sicherheit. Wie alle Kinder las auch ich »Rotkäppchen«. Aber mein Mitgefühl galt stets dem armen Wolf mit den schweren Wackersteinen im Bauch.

Jetzt, in meiner neuen Unabhängigkeit, hatte ich endlich die Chance, mich intensiver mit diesen Tieren zu beschäftigen. Ich verschlang jedes Buch über sie, dessen ich habhaft werden konnte. Und ich suchte eine Gelegenheit, sie näher kennenzulernen.

Aus amerikanischen Wissenschaftszeitungen schrieb ich die Anschriften von Zoos und Wolfsgehegen heraus, in der Hoffnung, dort ein Praktikum in Verhaltensforschung machen zu dürfen.

Dann – eines Tages – bekam ich endlich Antwort. Der renommierte Wolfsforscher Dr. Erich Klinghammer antwortete mir aus seinem Forschungsinstitut »Wolf Park« in Indiana. Und es wurde noch besser: Klinghammer war auf dem Weg nach Kassel, wo seine deutsche Mutter lebte, und wollte mich kennenlernen. Wir vereinbarten ein Treffen im Restaurant des Hauptbahnhofs.

Meine erste Begegnung mit dem »Wolfsmann« beeindruckte mich tief.

»Sie werden mich schon erkennen«, hatte er am Telefon gesagt, als ich fragte, wie und wo wir uns treffen wollten. Und tatsächlich war er nicht zu übersehen. Da kam ein stattlicher Mann mit grauen Locken und grauem Bart auf mich zu. Auf seinem Sweatshirt heulte ein Wolf.

Stundenlang saßen wir im Bahnhofsrestaurant zwischen an- und abreisenden Zuggästen und unterhielten uns. Die Eile der Menschen um mich herum gar nicht wahrnehmend, tauchte ich ein in eine andere Welt. Fasziniert hörte ich diesem imposanten Wissenschaftler zu. Stellte Fragen und bekam Antworten. In Gedanken sah ich mich schon in seinem Wolf Park.

»Stopp!«, sagte er und holte mich wieder zurück an den abgenutzten Tisch, auf dem die Becher mit dem kalt gewordenen Kaffee standen.

»Die Entscheidung, ob du einen Praktikumsplatz in Wolf Park bekommen wirst, treffe leider nicht ich«, lächelte er rätselhaft.

In meinem Kopf türmten sich unendliche bürokratische Hürden auf.

»Wie soll ich am besten vorgehen? An wen muss ich mich zuerst wenden?«, fragte ich verunsichert.

»Wende dich an die Wölfe. *Sie* müssen dich akzeptieren.«

Ich starrte den Forscher ungläubig an. Dann verstand ich: Auf zum »Wolf Casting« nach Indiana.

Wir standen uns gegenüber – der Wolf und ich. Lange hatte ich auf diesen Augenblick gewartet. Ich war gut vorbereitet, wusste genau, wie ich mich verhalten musste: Beide Füße fest auf dem Boden.

»Fester Stand ist wichtig. Nur ja nicht umwerfen lassen und niemals direkt in seine Augen starren«, hatte mir Klinghammer eingeschärft.

»Kein Make-up! Kein Schmuck! Die Wölfe spielen gern mit etwas, das herumbaumelt. Sie lieben es auch, sich in allem zu wälzen, was riecht, wie Make-up oder Parfüm.«

»Bist du gesund?«, lautete seine nächste Frage im Wie-begegne-ich-einem-Wolf-Quiz. »Wölfe sind absolute Meister darin, Schwächen zu entdecken. So können sie in der Wildnis kranke Tiere ausfindig machen und erlegen. Sie merken, wenn du krank wirst, lange bevor du es selbst spürst.«

Der Leitwolf sah mich mit gelbbraunen Augen an. Die Ohren aufmerksam nach vorn gerichtet, nahm er schnuppernd meine Witterung auf. Während ich starr stehen blieb, trabte das Raubtier mit leicht federndem Gang los. Sein Körper spannte sich zum Sprung. Er flog direkt auf mich zu. Die handtellergroßen Pfoten landeten auf meinen Schultern, seine weißen Reißzähne waren nur Zentimeter von meinem Gesicht entfernt. Ich hielt den Atem an – dann leckte er mir mit seiner rauen Zunge mehrmals über das ganze Gesicht. Ich wurde von einem Wolf geküsst!

»Wölfe lieben es, an Stellen gekrault zu werden, an die sie selbst nicht herankommen«, erinnerte ich mich an Erichs Ratschlag und kraulte dem Wolf Brust, Bauch und Ohren. Sein Kopf mit den halb geschlossenen Augen drückte sich immer fester in meine Hand. Wäre er eine Katze, hätte er jetzt wahrscheinlich geschnurrt. Der Chef hatte mich akzeptiert. Nun war ich bereit, mich auf dieses Abenteuer einzulassen.

WACHGEKÜSST

Schon am folgenden Tag wurde ich Mutter. Fünf Wolfsbabys, drei schwarze und zwei graue, purzelten und rutschten über mich hinweg und krabbelten auf mir herum.

Mit den Worten »Hier! Mir ist ein Helfer ausgefallen. Du musst dich heute Nacht um sie kümmern«, hatte mir Erich eine Kiste mit schlafenden Wolfswelpen in die Hand gedrückt. Verdutzt schaute ich auf die winzigen Fellknäuel. Vorsichtig nahm ich die Kleinen aus der Kiste und setzte mich zwischen die gähnenden und sich streckenden Wölfchen. Sie begannen, mich zu erkunden. Schnupperten und versuchten, an mir hochzukrabbeln. Wenn ich mich zu ihnen hinunterbeugte, flogen ihre Zungen blitzschnell über mein Gesicht, und die scharfen Zähnchen knabberten an meiner Nasenspitze.

Dass ich mit den Wolfswelpen im Schoß hier saß, verdankte ich der jahrelangen Forschungsarbeit von Erich Klinghammer. Der Schüler von Konrad Lorenz, dem Begründer der klassischen Tierverhaltensforschung (Ethologie), hatte schon früh erkannt, dass »zahme« Wölfe die Verhaltensbeobachtungen enorm erleichterten, da sich diese Tiere stressfrei in der Nähe von Menschen bewegen können. Dazu wurden die Welpen im Alter von nur vierzehn Tagen ihren Müttern weggenommen und von menschlichen Ersatzeltern großgezogen.

In Wolf Park lebten die zweibeinigen Wolfsväter und -mütter gemeinsam mit ihren Wolfskindern in einem ausgebauten Trailer. Sie schliefen mit ihnen zusammen auf einer Matratze und versorgten sie rund um die Uhr, wie es auch die tierischen Eltern tun. Dann, im Alter von vier Monaten, wurden die

Kleinen vorsichtig und schrittweise wieder mit ihrer wölfischen Familie zusammengeführt. Während ihre wilden Verwandten beim Anblick von Menschen in Panik geraten, waren die Zweibeiner für die von Hand aufgezogenen Wölfe so etwas wie »Familienmitglieder«. Sie hatten keine Scheu mehr vor ihnen und benahmen sich in ihrer Gegenwart ihr ganzes Leben lang völlig ungezwungen.

Ich gab meinen kleinen Ziehkindern alle zwei Stunden die Flasche. Auf eine Uhr konnte ich dabei verzichten. Sie zeigten ihren Unmut deutlich, wenn der Hunger kam. Das verzweifelte Geschrei wich sofort einem zufriedenen Schmatzen, wenn ich den Sauger des Fläschchens in die Wolfsschnute schob. Nach dem Essen massierte ich ihnen die Bäuche, bis die Verdauung einsetzte. Danach hätte ich sie eigentlich wie ihre Wolfsmutter sauberlecken müssen … Ich half mir mit einem feuchten Tuch. Wenn schließlich alle zufrieden und müde auf einem Haufen lagen und im Traum seufzten, grunzten und strampelten, lag ich erschöpft, aber restlos glücklich neben ihnen. Muttergefühle.

Doch ich musste auch an die echte Wolfsmutter denken, die draußen im Gehege nach ihren Kindern suchte. Ließ sich dieser Eingriff in das Leben der Wölfe wirklich dadurch rechtfertigen, dass die Tiere durch Handaufzucht für den Rest ihres Lebens deutlich weniger Stress im Umgang mit Menschen haben würden?

Doch ehe ich diesem Gedanken zu Ende folgen konnte, regte sich schon wieder das erste Fellknäuel und verlangte seine Mahlzeit. Kam die Flasche nicht rechtzeitig, protestierten die kleinen Wölfchen heftig und saugten sich an allem fest, was sie in die Schnauze bekamen. Einmal war es mein Finger, ein anderes Mal hatte ich einen kleinen Wolf zu nahe an meinem Gesicht geknuddelt und plötzlich ein saugendes Etwas an der Wange hängen, das ich nur mit einem leichten »Plop« wieder abziehen konnte.

Anders als bei Hundewelpen fühlte sich das Fell der kleinen Wölfe rauer an, struppiger. Das Hellblau ihrer Augen, mit denen sie mich neugierig anschauten, würde bald einem Ockerton weichen. Spitze Zähnchen knabberten an allem, was ihnen vor die Schnauze kam. Meist war es die Hand, die sie fütterte. Die kleinen, scharfen Krallen traten instinktiv nach mir, wenn ich die Flasche hielt. Mit diesem »Milchtritt« regen sie bei ihrer Mutter den Milchfluss an. Zahlreiche schmerzhafte Kratz- und Bissspuren an meiner Hand und den Armen ließen mich nachempfinden, wie sich eine Wolfsmutter fühlt, wenn sie auf diese Art »malträtiert« wird.

Die Nacht mit den Wölfen verging viel zu schnell. Als ich am nächsten Morgen von einer Studentin, die ihre Examensarbeit über die Aufzucht von Gehegewölfen schrieb, abgelöst wurde, fiel mir der Abschied von den Kleinen schwer. Mit erhobenem Haupt trug ich den Wolfsknutschfleck wie eine Auszeichnung an meiner Wange. Ich bedauerte nur, dass mich niemand darauf ansprach. Wie gern hätte ich ein wenig damit angegeben. Selbst im Supermarkt schauten alle nur entweder betreten zur Seite oder schenkten mir ein breites Grinsen. Knutschfleck – ja, ja …

Wolf Park war ein Forschungsgehege, und entsprechend geschäftig ging es zu. Erich lehrte an der Universität von Lafayette Verhaltensforschung. Einige seiner Studenten beobachteten hier die Wölfe und schrieben an ihrer Examensarbeit. Wir Praktikanten hatten dagegen sehr viel mehr Freiheiten. Außer mir war nur eine weitere Praktikantin hier: Lissi, eine neunzehnjährige junge Frau aus Österreich. Sie wollte Verhaltensforschung studieren und sich auf Wölfe spezialisieren. Lissi war auf einem Bauernhof aufgewachsen, entsprach aber vom Äußeren her gar nicht dem Bild einer Bauerstochter. Groß, mit Modelmaßen und zarten Gesichtszügen, die mittellangen dunklen Haare zu einem Pferdeschwanz zusammengebunden, konnte ich sie mir nur schwer beim Ausmisten oder Viehtreiben vorstellen. Aber Lissi sollte sich als unkompliziertes Naturkind herausstellen, das kräftig zupacken konnte.

Wir waren im »Weißen Haus« untergebracht, einer windschiefen Hütte, deren abgeplatzte weiße Farbe dem großspurigen Namen keine Ehre machte. Ich teilte mir mit Lissi einen Schlafraum unter dem Dach. Das Erdgeschoss wurde von Monty Sloan, dem Tierfotografen des Parks, bewohnt. Monty lebte seit etwa fünf Jahren hier und hatte sich mit seinen Wolfsfotografien einen Namen gemacht. So beäugten wir den zierlichen jungen Mann mit den dunklen Locken zunächst schüchtern. Seine neunundzwanzig Jahre sah man Monty nicht an. Vielleicht hoffte er, mit seinem Schnurrbart älter zu wirken. Zögernd löste er sich von seinem Computer, als wir einzogen. Computer und Wölfe waren seine beiden großen Leidenschaften. Tagsüber im Wolfsgehege, um seine Lieblinge zu fotografieren, und nachts vor dem Computer, das war Montys Leben.

Der vordere Teil des Hauses war als Visitor Center eingerichtet. Hier konnten Besucher Wolfsartikel erwerben. T-Shirts, Wolfsbilder, Schlüsselanhänger, Bücher. Alles lag fein säuberlich in kleinen Vitrinen und Auslagen.

Gleich hinter der Tür zum Besucherraum begann das Chaos. Die kleine Küche lud nicht gerade zum Verweilen ein. Medizin für die Tiere, Fotoentwickler und Cornflakes stapelten sich auf dem Tisch.

»Wenn ihr den Kühlschrank aufmacht, esst oder trinkt nichts, wo kein Name drauf steht«, hatten uns die Studenten gewarnt. Erst später erfuhren wir, dass Monty gern Spermaproben der Wölfe im Kühlschrank aufhob.

Um zu unserem Zimmer zu gelangen, mussten Lissi und ich uns einen Weg durch Montys Schlafzimmer bahnen und über eine steile Holzstiege ins Dachgeschoss klettern. Die schrägen Wände waren mit einfachen Holzpanelen bedeckt, die sich teilweise lösten. Die Decke bestand aus Styroporplatten, zwischen die zur Abdichtung Zeitungspapier gestopft war. An der einen Wand war eine Holzplatte als Tisch zwischen zwei Doppelstockbetten gestellt. Kisten, Bücher, Decken und der Fernseher stapelten sich auf den Pritschen. Arbeiten war hier kaum möglich. Quer im Raum stand eine weiße Holzkommode, deren unterste Schublade klemmte. Ein Spiegel lehnte an der Wand, und ein Ventilator auf der Kommode sollte im Sommer wohl für Kühlung sorgen. Eine Holzstange, die von der Decke hing, diente als Kleiderstange. An der anderen Wand befand sich unter der Schräge Lissis Bett. Mein Schlafplatz war im Neunzig-Grad-Winkel dazu ausgerichtet und aus groben Brettern gezimmert. Drei alte Wolldecken sollten wohl das Bettzeug sein. Ich versuchte nicht an die vielen Flöhe zu denken, die sich hier vermutlich tummelten. Couchtisch war eine alte Truhe, deren Furnier auseinanderklaffte. Zwei ausgefranste Sessel boten zusätzliche Sitzgelegenheiten. Der Bodenbelag schien neu und bestand aus bunt gestreiftem Kunststoff. Ein Metallständer mit aufgeschraubter Glühlampe diente als Lampe. Die Fenster waren matt, ob es am Alter oder am Dreck lag, vermochte ich nicht zu sagen. Alle Ritzen im zugigen Dachgeschoss waren entweder mit Papier oder mit toten Fliegen verstopft.

Das erste nichtwölfische Tier, das uns im neuen Heim begrüßte, war eine Ratte namens Humphrey.

»Humphrey hat hier Asyl. Wehe, ihr tut ihr was!«, hatte uns Monty gedroht, der auf unseren Schrei hin herbeieilte.

Für Lissi, das Bauernkind, gehörten Ratten und Mäuse zum Alltag. Ich hatte als Kind einen Hamster besessen und fand Humphrey nach dem ersten Schreck eigentlich recht faszinierend. Ich schloss einen geheimen Pakt mit ihm:

»Wenn du mich nachts in Ruhe lässt, lasse ich dich auch in Ruhe.« Tapfer ignorierte ich von nun an unseren Mitbewohner.

Unter eine der Holzstiegen hatten sich ein paar Wespen eine Zweitwohnung gebaut. Wir mussten sehr vorsichtig sein, wenn wir in unser Quartier wollten, um nicht auf eines der Insekten zu treten. Da der Herbst bevorstand, war auch diese Gefahr nur eine Frage der Zeit. Die Wespen würden bald sterben. Dennoch erwischte es mich einmal, als ich nicht aufpasste und beim Hochklettern in eine Wespe griff, die mich prompt stach.

Da war ich nun – die Ex-Stewardess und Ex-Anwältin, behütet aufgewachsen, weltgewandt und mit besten beruflichen Aussichten. Jetzt küsste ich Wölfe und teilte mein Schmuddelquartier mit einer Ratte und ein paar Dutzend wintermüden Wespen. Die Freiheit versprach spannend zu werden.

Wolf Park bestand seit neunzehn Jahren. Zur Zeit meines Praktikums lebten hier insgesamt zwanzig Wölfe. Aber nur die Hauptgruppe mit zehn Wölfen (das »Main Pack«) gehörte zum Forschungsprojekt. Sie lebten in einem etwa dreitausend Quadratmeter großen Gehege.

Die Biologin Pat Goodman erklärte mir meine Aufgaben für die nächsten Wochen: »Du musst täglich ein Ethogramm erstellen. Das ist eine Art Katalog, in dem genau aufgelistet wird, was die Tiere tun. Aber pass auf. Du darfst ausschließlich das Verhalten aufschreiben, keine Emotionen.«

Ich schaute irritiert.

»Du musst lernen, das zu erkennen und zu trennen. Wenn Chinook – das ist der große, schwarze Wolf dort hinten – mit dem Schwanz wedelt, kann das verschiedene Bedeutungen haben: Er freut sich, er will jagen, oder er greift an. Sieh mal, dort!«

Es war Besuchstag in Wolf Park. Ein Kleinkind lief, wild mit den Armen rudernd, am Gehegezaun auf und ab. Auf der anderen Seite fixierte Chinook mit nach vorn gerichteten Ohren und erhobenem Schwanz die Kleine. Bei jeder Bewegung preschte er hinterher.

»Schau mal, der will mit dir spielen«, freute sich die Mutter. Mit Spielen hatte Chinook aber nichts am Hut. Für ihn verhielt sich das Kind wie Beute: Es rannte und schrie. Ohne trennenden Zaun wäre die Mutter wenig begeistert gewesen über den »spielenden« Wolf.

»Um das Gesamtbild eines Verhaltens zu deuten, um Emotionen zu erkennen oder Reaktionen vorauszusehen, musst du lernen, ein Verhalten einzuordnen«, erklärte Pat.

Ich verstand. Verhalten verstehen und einordnen. Das könnte auch im »richtigen Leben« hilfreich sein.

Die Aufgabe von uns Praktikanten war es, täglich zwei Stunden lang morgens und abends die Wölfe zu beobachten und ihr Verhalten aufzuschreiben. Dazu saßen wir in einem kleinen Aussichtsturm mit Fenster zum Wolfsgehege. So störten wir die Wölfe nicht und waren außerdem vor schlechter Witterung geschützt.

Die quirlige Lissi erhoffte sich mit dem Praktikum bessere Chancen auf ein Ethologie-Studium. Verhaltensforscherin war schon immer ihr Traumberuf gewesen.

»Ich will einmal was mit Wölfen machen« war ihr Wunsch – so wie der vieler junger Menschen, die für ein paar Tage, Wochen oder Monate nach Wolf Park kamen, um als Freiwillige im Park zu helfen. Wir waren unterschiedlichen Alters und kamen aus verschiedenen sozialen Schichten und Ländern. Was uns einte, war der Wunsch, diesen mysteriösen Raubtieren nahe zu sein.

Am nächsten Morgen teilte mir Pat Mephisto zur Beobachtung zu.

»Das ist ein ruhiger Wolf. Da kannst du üben.«

Mephisto schlief fest, so wie der Rest der kleinen Wolfsfamilie. Kesho, Aurora, Akili, Faust, Altair, Ursa und Vega lagen ausgestreckt im Gehege. Gelegentlich zuckte ein Ohr. Nur Chinook und Leitwolf Imbo schauten mir zu, als ich auf den Beobachtungsturm kletterte.

»Chinook möchte gern Leitwolf werden«, klärte mich die Biologin auf.

»Er versucht immer wieder einmal, Imbo zu provozieren. Pinkelt über seine Markierung. Turtelt mit der Leitwölfin. Aber Imbo lässt das nicht zu.«

Tatsächlich. Chinook rempelte Imbo im Vorbeigehen an. Der alte Leitwolf knurrte und starrte den Rüpel kurz an. Das reichte. Chinook klemmte den Schwanz ein und zog sich zurück.

Ich begann mit meinen Aufzeichnungen.

Mephisto als »ruhigen« Wolf zu beschreiben war untertrieben. Meine Tabelle zeigte folgende Eintragungen:

7:55 Uhr: Mephisto wacht auf.

7:56 Uhr: Mephisto macht einen Rundgang und markiert.

8:02 Uhr: Mephisto schläft.

8:06 Uhr: Mephisto steht auf, scharrt, geht zu den anderen Wölfen, legt sich hin.

8:13 Uhr: Mephisto schläft.

Nach den ersten Tagen war mir klar, dass der elfjährige Mephisto mit seinem charismatischen literarischen Namensvetter aus Goethes Faust wenig gemeinsam hatte. Von ihm konnte ich kaum aufregende Beobachtungen erwarten – es sei denn, man zählt »schlafender Wolf« dazu. Ich beschloss, es fortan mit dem Unruhestifter Chinook zu versuchen. Und tatsächlich. Meine Aufzeichnungen änderten sich:

7:15 Uhr: Chinook streckt sich.

7:16 Uhr: Chinook heult zwei Minuten fünfzehn Sekunden lang.

7:20 Uhr: Chinook läuft zum Rest der Gruppe.

7:21 Uhr: Chinook wirft sich vor Imbo auf den Rücken.

7:25 Uhr: Chinook spielt mit Vega.

7:29 Uhr: Chinook schnappt nach Aurora.

Man muss aufpassen, was man sich wünscht, dachte ich, es könnte in Erfüllung gehen. Mit der Beobachtung von Chinook hatte ich keine freie Minute mehr. Der Wolf war ständig in Aktion und hielt mich mit den Aufzeichnungen auf Trab.

Mit der Zeit lernte ich die Wölfe des »Main Pack« näher kennen. Als Leitpaar waren Imbo und Altair zwei sehr souveräne und gelassene Wölfe. Ein Blick der beiden reichte, um ein »unpassendes« Verhalten der anderen zu unterbinden.

Das funktionierte nur bei Chinook nicht, der mit seinen zwei Jahren noch zu jung war, um dem sieben Jahre älteren Leitwolf zu imponieren. Der kräftige, schwarze Chinook war ein rüpelhafter, selbstbewusster Teenager, der zu wissen schien, dass das Schicksal noch Großes mit ihm vorhatte. Ein Jahr nach meinem Praktikum, als Imbo starb, übernahm Chinook automatisch die Führung der Gruppe. Der wilde Jungwolf musste quasi über Nacht erwachsen werden. Altair blieb auch nach Imbos Tod Leitwölfin. Ihre Schwester Vega, eine wunderschöne schwarze Wölfin mit leuchtend gelben Augen, gehörte trotz ihrer beeindruckenden Größe eher zu den Schüchternen und zog die Gesellschaft der Menschen der ihresgleichen vor.

Die zweijährige Ursa hatte als Welpe eine Beinverletzung erlitten und humpelte fortan. Menschen schien sie »zum Fressen gern« zu haben, denn wenn wir ins Gehege kamen, waren ihre Begrüßungen mehr als stürmisch.

Die sanfte Akili war genau das Gegenteil: still, unterwürfig und scheu, ebenso wie der elf Jahre alt Faust, ein grauer Wolf mit einem dunklen Streifen auf der Nase.

Die Geschwister Aurora und Kesho mochten Menschen, besonders Aurora. Mich überraschte zunächst ihr etwas »unwölfisches« Aussehen. Mit ihrer sehr hohen Stirn und der kurzen Nase hatte sie fast ein Babygesicht, das sich auch im Alter nicht auswuchs. Wir mussten Besuchern immer wieder erklären, dass dieser Wolf kein Welpe war. Einen wölfischen Schönheitswettbewerb würde sie nie gewinnen. Das machte sie jedoch mit ihrer Persönlichkeit wieder wett. Die sehr freundliche Wölfin verhalf manch ängstlichem Wolf-Park-Besucher zum Erlebnis seines Lebens, wenn sie sich an ihn schmiegte und sich streicheln ließ.

Wie die meisten Gehegewölfe lebten auch die Wolf-Park-Wölfe nicht in einem »natürlichen« Familienverband. In der Wildnis besteht eine Wolfsfamilie aus den Eltern, dem ein- bis zweijährigen Nachwuchs und einigen Onkeln und Tanten. Die Jungwölfe wandern meist ab, wenn sie erwachsen werden, um eigene Familien zu gründen. In einem Gehege dagegen kann der Nachwuchs nicht abwandern. Um Inzucht zu vermeiden, müssen so gelegentlich fremde Wölfe in die Gruppe eingebracht werden, was zu Stresssituationen führen kann. Die Wolf-Park-Wölfe leben wie alle Gehegewölfe in einer Klassengesellschaft. Jeder Einzelne kann die Hierarchie vom

Anführer zum Ausgestoßenen durchlaufen. Für den rangniedrigsten Wolf – »Omega-Wolf« genannt – konnte das Leben grausam sein. Er fungiert als eine Art Sündenbock. Ständig wird er von den anderen gemobbt. Geht das zu weit und besteht Gefahr, dass das Tier verletzt wird, nehmen es die Mitarbeiter aus der Gruppe heraus und bringen den Gemobbten in einem anderen Gehege unter.

Für uns war es wichtig, das individuelle Verhalten der einzelnen Wölfe zu erkennen und zu verstehen. Da die Wölfe von Hand aufgezogen worden waren, betrachteten sie uns als ihresgleichen und konnten entsprechend ruppig werden. Eine meiner wichtigsten Übungen war fortan: Wie bewege ich mich unter Wölfen, ohne dabei einen wichtigen Körperteil zu verlieren? Jetzt verstand ich auch, warum wir vor Beginn des Praktikums eine Haftungsbefreiung unterschreiben mussten.

Der Höhepunkt unseres Praktikantenlebens war das samstägliche Großreinemachen, wenn wir zum Häufchen-Sammeln in die Gehege durften. Alle rissen sich um diesen Job, denn als Belohnung winkte die Begegnung mit den Wölfen. Stets in Begleitung von zwei erfahrenen Helfern packten wir unsere Eimer und Zangen und wappneten uns für das stürmische Zusammentreffen. Aufregung auf beiden Seiten. Die Wölfe winselten am Zaun. Sprangen umeinander und übereinander, sobald wir das Gehege betraten. Jeder suchte die beste Position möglichst nah an unseren Händen. Zungen flogen über Nasen. Zähne knabberten an Kinn und Lippen. Mit dieser Form von Begrüßung fordern die Wolfswelpen von heimkehrenden Eltern ihr Futter ein, das diese hervorwürgen. Wir konnten ihnen Derartiges nicht bieten, dafür aber jede Menge Streicheleinheiten. Nie reichten die Hände aus, um alle Ohren und Bäuche zu versorgen, die es zu kraulen galt. Erst wenn diese ausgiebige Begrüßung vorbei war und sich die Aufregung gelegt hatte, konnten wir mit der eigentlichen Arbeit beginnen.

Schon nach kurzer Zeit hatte ich meine »Lieblingsküsser« gefunden, die fünf grauen Wölfe des »East Pack«. Sie gehörten nicht zum Forschungsprojekt und lebten in einem separaten Gehege im östlichen Teil von Wolf Park. Sirgei und die fast weiße Betsi waren die Eltern von Chani, Sierra und NK. Während Chani und Sierra sehr sanfte und zurückhaltende Wölfinnen waren, musste man bei NK stets auf der Hut sein, um von dem stürmischen einjährigen Jungwolf nicht umgeworfen zu werden. Zum Küssen »geeignet« waren nur die Jungwölfe, die Eltern mussten in der Zeit, in der wir Praktikanten ins Gehege kamen, weggesperrt werden. Auch NK durfte später wegen seiner Rüpelhaftigkeit keine Besucher mehr empfangen.

Von einem Wolf geküsst zu werden ist schon eine besondere Sache. Um es gleich vorweg zu beantworten – nein, Wölfe haben keinen Mundgeruch. Erstaunlicherweise riechen sie völlig neutral aus dem Maul, selbst nach einer ausgiebigen Mahlzeit.

Doch nicht jeder der Praktikanten ließ sich so begeistert abschlecken wie ich. Manche wehrten die Wölfe ab und beschränkten sich auf das Streicheln. Aber ich wollte partout das volle Programm. Eng wurde es nur, wenn sich die stürmischen Jungwölfe zur Begrüßung drängelten. Jeder wollte der Erste sein. Dann konnte es geschehen, dass ich mich mitten in einer Gruppe von drei sich anknurrenden, zähnefletschenden Wölfen wiederfand. Kein guter Platz für eine noch unerfahrene Praktikantin wie mich, zumal ich von Natur aus jedem Streit aus dem Weg gehe. Aber ein energisches »Nein! Jetzt reicht's!«, ein gewagter Sprung aus der Menge und gnadenloses Ignorieren für die nächsten fünf Minuten half, die Situation zu entschärfen. Wenn der Familienfrieden wieder hergestellt war, gab es weitere Streicheleinheiten zur Belohnung.

Bei solchen stürmischen Begegnungen war es mir manchmal, als würde ich mich selbst beobachten. Da saß ich mitten in einer Gruppe zähnefletschender Wölfe und hatte nicht die geringste Angst. Im Gegenteil. Ich fühlte mich sicher. War das noch dieselbe Person, die auf die andere Straßenseite ging, wenn ihr bei Dunkelheit »unheimliche« Personen entgegenkamen? Oder in deren Wortschatz das Wort Nein nicht vorkam?

Ich dachte zurück an die letzten Jahre meiner Ehe. Endlose Abende allein zu Hause. Brütendes Schweigen. Angespannte Stimmung. Wir hatten uns aufgerieben an Arbeitslosigkeit, Geldmangel und der Kälte des Alltags. Wir suchten beide einen Ausweg, jeder auf seine Weise, und fanden keinen. Ich wollte nicht aufgeben. Wenn ich doch nur noch ein wenig perfekter wäre, dann würde alles gut werden. Ich passte mich an und machte mich klein. Alles umsonst. Ich verlor mein Selbstvertrauen.

In Wolf Park hatte ich dazugelernt. Die Wölfe durchschauten mich. Sie erkannten, ob ich etwas nur »spielte« oder es mir ernst war. Sie waren großartige Beobachter meiner Körpersprache. War ich unsicher, senkte den Blick und trat zögerlich auf, nutzten sie das sofort aus und rempelten mich an. Wenn ich direkt auf sie zuging, aufrecht stand und mit bestimmtem Ton zu ihnen »Nein« sagte, folgten sie mir. Wie unartige Hündchen schob ich die Wölfe, die sich nur Zentimeter vor meinem Gesicht gegenseitig anfletschten, sicher und souverän zurück. Mit der größten Selbstverständlichkeit der Welt. Tiere, die ohne große Anstrengung einen ausgewachsenen Elch erlegen könnten. Als wäre ich wie Phoenix aus der Asche gestiegen, hatte ich meine Stärke, Selbstvertrauen und Zuversicht wieder gewonnen.

Gelegentlich legten die Wölfe es darauf an, uns Menschen zu provozieren. Wie unartige Kinder testeten sie ihre Grenzen. Ursa, die lahme Wölfin, hatte es auf mich abgesehen. Sie wollte offensichtlich ausprobieren, wie weit sie gehen konnte. Es fing harmlos an. Die Wölfin schnappte nach meinem Pullover und zog daran. Wehret den Anfängen, hatte Pat uns eingeschärft. Ich reagierte sofort und griff Ursa mit einem ruhigen, aber deutlichen »Nein« über die Schnauze und zog ihr den Pullover aus dem Maul. Die Wölfin beobachtete mich eine Weile und richtete dann ihren nächsten Versuch auf meine Hose.

Diesmal erwischte sie auch ein wenig Haut. Ich verstärkte meinen Schnauzgriff, bis die Wölfin quietschte und sich auf den Rücken warf. Jetzt waren die Grenzen geklärt, und Ursa bettelte wieder um Zuneigung.

Gutgemeinte Ratschläge von Besuchern hätten hier lebensgefährlich werden können. Ein junger Mann, der meine Bemühungen mit Ursa von der anderen Seite des Gehegezauns beobachtet hatte, rief mir zu: »Du musst dem Wolf zeigen, wer der Herr ist.« Er wusste offenbar sehr wenig von der Geschmeidigkeit und Kraft eines vierzig bis fünfzig Kilo schweren Wolfes. Als Zweibeiner und noch dazu als Frau hätte ich keine Chance, es bei einem Ringkampf mit Ursa aufzunehmen.

Doch Monty wusste wie immer Rat: »Ein kleines Ablenkungsmanöver reicht, wenn die Wölfe zu aufdringlich werden.« Der kleine Fotograf war der Einzige, der es sich erlauben durfte, Chinook über die Schulter zu werfen oder mit Faust auf dem Boden zu ringen – und das nur, weil die Wölfe es zuließen.

»Zwick sie in die empfindliche Nase. Das bringt sie garantiert zum Niesen. Wenn du willst, kannst du sie auch in die Nase beißen«, riet er mir mit einem Augenzwinkern.

Das ständige Testen der Wölfe lehrte mich, aufmerksamer zu werden. Betrat ich ein Gehege, musste ich auf der Hut sein und die Tiere sehr genau beobachten. Nur so konnte ich unerwünschtes Verhalten schon im Ansatz erkennen und stoppen. Mit jedem Tag schärften sich meine Sinne mehr, achtete ich auf jede Kleinigkeit.

Ich hatte ein paar Jahre zuvor damit begonnen, Achtsamkeitsübungen zu praktizieren. Sie sollten mir helfen, mich auf das Wesentliche zu konzentrieren. Ich begann mit den fünf Grundsinnen: Hören, Riechen, Fühlen, Sehen, Schmecken. Jeden Tag nahm ich mir einen anderen Sinn vor und achtete bewusst darauf, diesen Sinn zu schärfen. War ein »Hör-Tag«, dann blendete ich die anderen Sinne weitgehend aus und versuchte, so viele Geräusche wie möglich wahrzunehmen. An einem »Hör-Tag« in die Stadt zu gehen, war eine Herausforderung bei all dem Lärm. Automotoren, Hupen, kreischende Bremsen, Menschen, die sich laut unterhielten, weinende Kinder, bellende Hunde, Kirchenglocken – alles schien auf mich einzustürzen. Es wurde besser, wenn es mir gelang, einzelne Geräusche herauszufiltern und mich auf sie zu konzentrieren statt auf alle auf einmal. Meist jedoch flüchtete ich nach kurzer Zeit in den Wald. Das Singen der Vögel, das Rauschen des Windes in den Blättern der Bäume, all das war Balsam für meine malträtierten Ohren. So in etwa mussten sich Erblindete fühlen.

Ähnlich verfuhr ich mit den anderen Sinnen. Beim »Schmecken« achtete ich bewusst darauf, was ich aß, beim »Riechen« musste ich einen großen Bogen um Raucher machen, und beim »Fühlen« lief ich einen ganzen Tag lang barfuß.

Eine neue Welt tat sich mir auf. Manchmal überwältigte sie mich mit all ihren Eindrücken. Dann tat es gut, wieder in die »normale« Welt zurückzukehren und die verschärften Sinne »auszuschalten«.

Jetzt bei den Wölfen nahm ich diese Übungen wieder auf. Ich wollte versuchen, herauszufinden, was sie, deren Leben noch ursprünglich war, sahen, fühlten, hörten, rochen oder schmeckten.

Lissi verfolgte amüsiert meine Versuche, zum »Tier« zu werden. »Welcher Sinn ist heute dran?«, fragte sie.

»Probier's doch mal mit Geschmack«, grinste Monty und hielt mir eine geöffnete Dose Hundefutter hin, die er mit ein paar kräftigen Spritzern Tabasco gewürzt hatte. Als ich angewidert ablehnte, schaufelte er das Zeug selbst in sich hinein.

Ich mochte Monty. Er war sanft, fröhlich und immer ein wenig durchgeknallt. Die Wölfe beteten ihn an und rangelten darum, wer als Erster von ihm gestreichelt werden durfte. Monty war ein zurückhaltender, leiser Mensch und wusste mehr über Wölfe und Wolfsmischlinge als irgendjemand anders. Oft musste er als Experte vor Gericht aussagen, wenn ein Wolfsmischling einen Menschen angefallen hatte. Wolf-Hund-Mischlinge kamen gerade in Mode. Aber ein Tier, das zwar die Kraft und das Verhalten eines wilden Wolfes besaß, aber nicht seine Scheu, ist eine hochgefährliche Kombination. Die wenigsten Tierbesitzer hatten eine Ahnung, was sie sich da ins Haus holten.

Pat Goodman, die Biologin, galt als inoffizielle »Wolfsgöttin«. Sie lebte seit vierzehn Jahren in Wolf Park und kannte jeden einzelnen Wolf von Geburt an. Wenn sie mit ihrem dunklen Zopf, der ihr bis zur Hüfte reichte, von den Wölfen umringt im Gehege stand, sah sie aus, als sei sie soeben einem Indianerfilm entstiegen.

Sie schien eine besondere Beziehung zu den Tieren zu haben. Mit sehr viel Liebe und noch mehr Geduld brachte sie fast jeden Wolf dazu, das zu tun, was sie wollte. Ich fragte nach ihrem Geheimnis.

»Das ist ganz einfach. Wenn ich will, dass ein Wolf etwas tun soll, muss ich zuerst wissen, welchen Charakter er hat. Wie verhält er sich in bestimmten Situationen? Was motiviert ihn? Was mag er nicht? Wenn ich das alles weiß, kann ich ihn auf seine Art und Weise dazu bringen, freiwillig zu tun, was ich will.« Sie zwinkerte mir verschwörerisch zu.

»Dabei macht mir der Wolf dann aber stets deutlich klar, dass die ganze Sache sowieso von Anfang an seine Idee gewesen war.«

Wer manipuliert hier wen?, fragte ich mich.

»Ich glaube, das probier ich mal mit meinem Freund aus«, freute sich meine Mitpraktikantin Lissi über die Ratschläge.

Das Training der Wölfe war aber nicht nur Zeitvertreib, sondern auch eine große Hilfe, wenn der wöchentliche Tierarztbesuch anstand. Jeden Dienstag kam eine Tierärztin, um die Wölfe zu untersuchen – zumindest jene, die das zuließen.

Bei der Blutentnahme zahlte es sich aus, dass die Tiere schon als Welpen an menschliche Berührung gewöhnt waren. Aurora, die kleine Wölfin mit der Stupsnase, schien die Vampirnummer zu mögen. Auf Pats Füßen sitzend und den Rücken bequem an ihre Beine gelehnt, sah sie aus wie ein Männchen machender Hase. Während Pat Aurora die Brust kraulte, konnte ihr die Tierärztin in aller Ruhe Blut entnehmen. Die Wölfin zuckte mit keiner Wimper. Mit halb geschlossenen Augen gab sie sich Pats Zärtlichkeiten hin.

Nicht ganz so einfach ist es hingegen, die Temperatur eines Wolfes zu messen. Man muss ihn vorn so lange und intensiv beschäftigen, bis er hinten ruhig hält. Das war bei Imbo relativ einfach. Ein wenig Kraulen hinter den Ohren und ein Kauknochen im Maul genügten, den alten Leitwolf konnte nur wenig erschüttern. Bei der schüchternen Vega dagegen gestaltete sich die Prozedur schon deutlich schwieriger. Wann immer die Ärztin versuchte, das Thermometer in die vorgesehene Körperöffnung zu schieben, warf sich die Wölfin laut schreiend auf den Boden und schnappte um sich. Schließlich gaben wir auf. Bei drei kooperativeren Wölfen hatten wir normale Temperaturen von achtunddreißig Grad gemessen, und Vega schien ansonsten nicht auffällig.

Nun mussten noch die Rüden untersucht werden. Bei ihnen wurden Länge und Umfang der Geschlechtsteile gemessen und eine Samenprobe entnommen. Dazu beschäftigten wir sie ebenfalls vorn mit Leckerlis, während die Tierärztin für das benötigte Ergebnis sorgte. Der Samen konnte an andere Wolfsinstitute und Zoos verschickt werden, um so für nicht verwandten Nachwuchs zu sorgen.

Gelegentlich kamen ehemalige Studenten von Erich oder Wolfspaten zu Besuch. Um die enormen Kosten der Unterhaltung einer solchen Einrichtung zu decken, hatte Wolf Park ein Patenschaftsprogramm ins Leben gerufen. Gegen eine Geldspende konnten Interessenten die Patenschaft für einen Wolf ihrer Wahl übernehmen. Dafür erhielten sie einen jährlichen Bericht und ein Foto »ihres« Wolfes.

Mich beeindruckte, wie unterschiedlich die Menschen waren, die sich für die Tiere interessierten. Sie kamen aus allen Schichten und Berufen. Hundetrainer, Handwerker, Musiker,

Künstler, ganz normale Hausfrauen. Eine völlig neue Welt erschloss sich mir. Wie klein und eng war mein Leben in den letzten Jahren gewesen. Der Juristenalltag, die Aktenberge, die dunklen Gerichtssäle. Paragrafen und juristische Kommentare statt Gespräche über Tiere, Natur und den Sinn des Lebens. Das alles hatte ich vermisst.

Und jetzt diese Freiheit. Die Begegnung mit Tieren, die in meine innerste Seele blicken konnten, und mit gleichgesinnten Menschen, die meine Begeisterung teilten. Ich war zutiefst dankbar für das Leben, das ich nun führen durfte. Und mit der Zeit gewöhnte ich mich auch an die harte körperliche Arbeit, die im Alltag nötig war, und der Muskelkater ließ langsam nach. Täglich mussten die Tiere versorgt werden: Füttern, Wasser auffüllen, Gehege sauber machen, Heuballen verteilen.

Eine der unangenehmsten Arbeiten war das Aufsammeln und Zerteilen von Rehen und Hirschen, die von Autos überfahren worden waren. Meist war es mitten in der Nacht, wenn wir Anrufe von Jägern oder der Polizei erhielten: »Wir haben Futter für euch.« Dann fuhren wir an den Unfallort, luden das Tier auf den Truck und zerteilten es später in handliche Stücke – eine Arbeit, bei der sich mir stets der Magen umdrehte.

In Wolf Park lebten jedoch nicht nur Wölfe, sondern auch andere Tiere. Eine kleine Gruppe Schafe war Teil eines Forschungsprojektes über den Einsatz von Herdenschutzhunden gegen Wolfsangriffe. Daphne und Dieter, zwei Maremma-Hunde aus Europa, mussten dafür nicht extra trainiert werden, vielmehr war diese Rasse schon seit Jahrhunderten speziell für diese Arbeit gezüchtet worden. Die beiden Maremmas waren schon als Welpen zusammen mit den Schafen aufgewachsen. Sie betrachteten die Weide als ihr Territorium und die Herde als ihre Familie. Die beiden Hunde machten ihren Job gut, auch wenn sie niemals Gelegenheit hatten, sich wirklich gegen Wölfe durchsetzen zu müssen. Wann immer sich jemand den Schafen näherte, bliesen sie sich zu imposanter Größe auf und bellten bedrohlich. Das allein würde ausreichen, um Eindringlinge von einer Schafherde fernzuhalten. Damals, als in Deutschland noch niemand an Wölfe, geschweige denn an einen Wolfsmanagementplan dachte, hatte Erich Klinghammer schon die Weitsicht besessen, zu untersuchen, wie Nutztiere vor Angreifern geschützt werden können.

Auch zwei Füchse gehörten zum tierischen Inventar von Wolf Park. Sie waren einst von einer Pelztierfarm gerettet worden. Doch besonders faszinierte mich die kleine Bisonherde, die in Wolf Park lebte. Ein mächtiger Leitbulle namens Ben führte sie an. Sie schienen aus einem anderen Zeitalter zu stammen. Auf mich wirkten sie wie Außerirdische, die uns Erdenbürger eine Weile beobachteten, um dann wieder in ferne Galaxien zurückzukehren. Vielleicht war ihre Zeitlupenruhe und Gelassenheit auf ihrem Planeten eine Art Zeitraffer, oder umgekehrt.

Oft stand ich am Zaun zu ihrer Weide und versuchte zu verstehen, was in ihnen vorging. Nach Zehntausenden von Jahren, die sie über die Prärien Nordamerikas gezogen waren, wussten diese Tiere vermutlich mehr, als wir nur ahnen konnten. Bisons sind Weidetiere, die viele Kilometer wandern, doch hier waren sie hinter einem starken Elektrozaun eingesperrt. Aus Versehen hatte ich einmal mit dem Kinn den Zaun berührt und minutenlang Sternchen gesehen. Ob sie sich nach der Prärie sehnten?

Mit den Bisons demonstrierte Erich ein Mal wöchentlich den erstaunten Besuchern, dass Wölfe das Jagen nicht verlernen, auch wenn sie schon über mehrere Generationen in Gefangenschaft leben. In der Wildnis würden Wölfe auf der Jagd eine Bisonherde mehrmals umrunden, um eine Schwachstelle zu finden, wie beispielsweise ein neugeborenes Kälbchen oder ein krankes Tier. Nur ein solches Tier könnten sie töten. Ein gesundes, kräftiges Tier anzugreifen würde ein zu hohes Verletzungsrisiko bedeuten. Wölfe erkennen sehr schnell, ob sich eine Jagd lohnt. Dieses Jagdverhalten ist ein angeborener Instinkt, den die Wölfe auch in Gefangenschaft nicht verlernen.

Am Besuchersonntag wurden zwei oder drei Wölfe angeleint zu den großen Grasfressern geführt und dort freigelassen. Meist waren Vega und Chinook dabei, beides ausgezeichnete Jäger, die auch in ihrem Gehege gelegentlich einen vorwitzigen Vogel fingen. Leitwolf Imbo dagegen interessierte sich kaum für die Bisons. Einmal beobachtete ich sogar, wie ihn ein paar junge Bisons davonjagten. Im Allgemeinen verliefen diese sonntäglichen Begegnungen unspektakulär. Die Bisons kannten das Ritual. »Ist es schon wieder soweit?«, schienen sie zu fragen. Ruhig grasend warteten sie auf ihren Auftritt. Meine Sorge um sie war unbegründet. Oft war es nur ein kurzer »Showkampf«. Die Wölfe umkreisten die Bisons ein oder zwei Mal und suchten nach einem Angriffspunkt. Vergeblich. Die Tiere waren allesamt gesund und kräftig. Keine Chance für die Wölfe. Sie trollten sich.

»Der Wolf ist ein Opportunist«, erklärte Erich den überraschten Besuchern. Wahrscheinlich hatten manche ein blutiges Spektakel erwartet.

»Er ist wie ein Straßenräuber, der sich für seinen Taschenraub alte Leute aussucht. Wenn es für die Wölfe eine Gelegenheit gibt, ein Tier zu töten, dann nutzen sie sie. Aber ein gesunder Bison ist schwer anzugreifen. Unsere Wolf-Bison-Vorführungen verursachen keinen Stress bei den Tieren. Aber sie geben Rinderzüchtern wichtige Informationen darüber, wie sie ihre Kälber vor Raubtieren schützen können.«

Nur einmal hatte es so ausgesehen, als würden die Wölfe Erfolg haben. »Fast eine halbe Stunde lang umkreisten sie einen Bison und versuchten immer wieder, ihn anzugreifen«, erzählte Erich. »Erst als das Tier eine Woche später eine Lungenentzündung bekam, wussten wir, dass die Wölfe seine Schwäche schon viel früher gemerkt hatten.«

Es war bemerkenswert. Diese Wölfe hier lebten seit Generationen in Gefangenschaft. Sie hatten nie das Donnern von Hunderten Bisonhufen in der Prärie gehört, nie die Geburt eines Bisonkalbes beobachtet. Nie waren sie durch eine Herde grasender Büffel gelaufen. Dennoch benahmen sie sich wie ihre freilebenden Verwandten und suchten eine Schwachstelle, um anzugreifen. Dass unsere Hunde diese Eigenschaften nicht mehr besitzen, haben wir einer Tausende Jahre währenden selektiven Zuchtauswahl zu verdanken.

Ich hatte in Wolf Park einen besonderen Freund gefunden – den Kojoten »Wild Bill«. Jeden Morgen besuchte ich ihn, um mich mit ihm zu »unterhalten«. Bill war allein in seinem Gehege und schien sich über Gesellschaft zu freuen. Er brachte mir bei, wie ein Kojote zu heulen. Noch heute kann ich besser Kojotenheulen imitieren als Wolfsheulen. Schreiend, kreischend, jaulend, hell jubilierend, klingt das Heulen von Kojoten so ganz anders als das von Wölfen, das tief aus den Eingeweiden aufzusteigen scheint. So sangen wir morgens gemeinsam unser Lied zum Sonnenaufgang. Manchmal antworteten seine wilden Freunde aus der Ferne. Dann schaute er regungslos mit großen Augen hinüber. Die Ohren spielten hin und her. Sein Anblick und seine deutlich spürbare Sehnsucht berührten mein Herz.

Ab und zu durfte ich ihn auch im Gehege besuchen. Meist ließ er sich streicheln. War er schlecht gelaunt, durfte ich ihn zwar auch streicheln, seine persönliche Rache folgte jedoch sofort: Er hob das Bein und pinkelte mir auf die Füße. Recht hatte er! Was drängte ich ihm auch meine Zuneigung auf. In dem engen Gehege gab es kein Entrinnen vor zudringlichen Menschenhänden. Der kleine Kojote zeigte der Welt seinen Protest auf seine Art.

Mit dem Training der Achtsamkeit wuchs auch meine seelische Empfindsamkeit. Als ich eines Abends meine letzte Runde durch den Park drehte, sah ich einen der Wölfe still auf die Wälder hinter dem Zaun starren. Was er wohl dachte? Fühlte er, dass da draußen »mehr« war? In Gefangenschaft geboren, hatte er nie die Freiheit kennengelernt. Vermisste er sie trotzdem? Eine tiefe Traurigkeit schien ihn zu umgeben. War es richtig, was wir taten?

Erich verstand meine Bedenken nicht. »Den Wölfen geht

es gut. Besser als in der Wildnis. Sie werden gefüttert und haben ein bequemes Leben. Sie kennen den Unterschied zwischen Freiheit und Gefangenschaft nicht.«

Warum beruhigte mich das nicht? Ich glaubte ihm nicht. War verwirrt. Eigentlich sollte ich »wissenschaftlich« denken und Gefühle aus dem Spiel lassen. Studenten der Verhaltensforschung wird früh eingebläut, auf Tiere keine menschlichen Gefühle zu projizieren. »Anthropomorphismus« lautet die Bezeichnung der Fachleute für das, was ich tat. Nur mit emotionalem Abstand, so ihre Überzeugung, könne man das Verhalten der Tiere wirklich beschreiben. Der größte Fehler sei es, Tieren menschliche Eigenschaften zuzuschreiben oder bestimmte Verhaltensweisen mit menschlichen Beweggründen erklären zu wollen. Vermutlich war ich also im wissenschaftlichen Bereich ein Versager. Aber meine Empfindungen, die ich bei seinem Anblick spürte, schienen real zu sein. Ich *fühlte,* dass er traurig war. War ich zu sensibel? Ich war noch neu in der Verhaltensforschung. Durfte ich da schon alle Regeln über Bord werfen? Ich wurde belächelt und war verunsichert. Die Frage: Haben Wölfe – oder Tiere im Allgemeinen – Gefühle, und wie weit darf die Forschung gehen? hat mich im Laufe meiner vielen Jahre der Wolfsbeobachtung begleitet und nie wirklich losgelassen. Heute wissen wir mehr über die Gefühle der Tiere. Die Forschung legt in vielen Bereichen neue ethische Maßstäbe an. Aber damals in Wolf Park fühlte ich mich sehr allein. Die Beschäftigung mit den Tieren hatte etwas in mir verändert. Ich versuchte, mich in sie hineinzuversetzen. Das löste ein wahres Gefühlschaos in mir aus.

Wann immer ich von nun an nachts dem Gesang der Wölfe lauschte, dachte ich an den Wolf, den ich an jenem Abend gesehen hatte und wie er nach draußen schaute. Was würde ich denn tun, wenn ich entscheiden müsste zwischen einem satten, gut versorgten und langen Leben in Gefangenschaft und einem kargen kurzen Leben in Freiheit, fragte ich mich. Ich dachte an meinen Spruch über dem Schreibtisch zurück: Der Preis der Freiheit ist der Verzicht auf die Bequemlichkeit.

Auch ich hatte mich für ein freies, unabhängiges Leben entschieden. Verzichtete auf ein sicheres Einkommen und die damit zusammenhängende Rundumversorgung. Ich lebte am
Existenzminimum, aber das machte mir nichts aus. Ich war
zufrieden mit dem, was ich hatte. War dankbar für die Gele-
genheiten, die sich mir boten.

Meine Begegnungen mit den Tieren von Wolf Park hatten
mich verändert. Die Wölfe, Kojoten, Füchse und Bisons lehrten mich, die Freiheit zu schätzen und zu lieben und die Tiere
so zu akzeptieren, wie sie sind.

Da stand ich nun und liebte ein Tier, ohne es in seinem Wesen
einschränken zu wollen. Dieses Tier brachte mir keineswegs
die bedingungslose anhängliche Liebe wie meine Hündin
Lady entgegen, meine »Wolfsküsse« waren kein Zeichen von
tiefer Zuneigung, sondern ein ritualisiertes Verhalten. Die
Wölfe »liebten« mich nicht, sondern erlaubten mir huldvoll,
einen kleinen Abschnitt ihres Lebens mit ihnen zu teilen. Ihre
Zuneigung »bezahlte« ich mit Streicheleinheiten. Aber das
machte mir nichts aus. Ich konnte sie so lieben, wie sie waren,
ohne sie verändern zu wollen. Mir wurde der Unterschied
zwischen einem »wilden« Tier und einem »Haustier« bewusst.
Die Wolf-Park-Wölfe waren vielleicht zahm, weil sie seit vielen Generationen von Menschen aufgezogen und durch sie
sozialisiert worden waren. Sie ließen sich streicheln und dul-
deten uns – in gewissem Rahmen und wenn es ihnen gefiel.
Aber (domestizierte) Haushunde waren sie damit noch lange
nicht. Es braucht Zehntausende Jahre selektiver Zucht, um
aus einem Wolf ein Tier zu machen, das mit uns als Familien-
hund unter einem Dach leben kann.

Der Aufenthalt in Wolf Park hinterließ jedoch auch einen
bitteren Nachgeschmack. Ich erkannte, dass wir, die wir uns
mit Gehegetieren befassten, sie versorgten und betreuten, auch
gezwungen waren, sie zu »manipulieren«. Wir sperrten sie ein
und regulierten ihr Paarungsverhalten und ihr Familienleben.
Nahmen ihnen ihre Babys weg. Hinderten sie daran, ihre Nah-

rung selbst zu jagen. Wir machten die Gehege sauber. Versorgten sie tierärztlich. Achteten darauf, dass es ihnen an nichts fehlte. Aber sie lebten (und starben) hinter Gittern. Sie konnten nicht ausweichen, wenn die Aggression innerhalb der Gruppe zu groß wurde. Konnten nicht abwandern, um sich einen Partner zu suchen und eine eigene Familie ihrer Wahl zu gründen. Sie waren und blieben »Forschungsobjekte« und zahlten den Preis, den alle Tiere in Gefangenschaft zahlen: den Verzicht auf ein natürliches, artgerechtes Leben.

Von ihren Betreuern wurden sie abgöttisch geliebt. Für die Besucher waren sie ein Teil der Wildnis, die sie beobachten oder vielleicht sogar berühren konnten.

Heute, nach fast zwanzig Jahren Beobachtung von freilebenden Wölfen, bin ich kaum noch in der Lage, einen Zoo zu besuchen. Ich ertrage es einfach nicht mehr, das erloschene Feuer in den Augen eines gefangenen Tieres zu sehen. Ob die Tiere um ihre Gefangenschaft »wissen«, darüber streiten sich noch die Experten. Unbestritten ist jedoch, dass Tiere Gefühle haben. Immer mehr Forscher sprechen inzwischen auch von der Seele eines Tieres. Dann aber stellt sich die Frage, ob wir Tiere, die in einem engen sozialen Familienverband leben, in einem von Menschen geschaffenen Umfeld einsperren dürfen.

Als ich Wolf Park nach drei Monaten Praktikum verließ, um wieder nach Deutschland zurückzufliegen, war ich hin und her gerissen. Ich hatte den Aufenthalt und die Nähe der Wölfe genossen, war aber dennoch unsicher, ob dies der richtige Weg war. Ich hatte mehr Fragen in meinem Gepäck als Antworten.

Zu Hause angekommen, machte ich eine Bestandsaufnahme meines Leben. Mit meiner Labradorhündin Lady, die ich in Wolf Park sehr vermisst hatte, kuschelte ich mich mit einer Tasse Kaffee auf die Couch und dachte nach. Die Wölfe hatten mich in ihren Bann gezogen. Nachts träumte ich von ihnen und glaubte, ihr Heulen zu hören. Wie sollte es weitergehen?

Zunächst einmal brauchte ich Geld und einen Job. Meine

Anwaltszulassung hatte ich zurückgegeben. Jetzt suchte ich eine Tätigkeit, die mir möglichst viel persönliche Freiheit bot, aber auch genug finanzielle Möglichkeiten, um meinen Traum vom Leben mit wilden Wölfen zu verwirklichen. Ich könnte den Sommer über wieder als Stewardess arbeiten. Während ich noch überlegte, klingelte das Telefon. Ein Freund rief an und erzählte mir, dass ein deutsches Studienreiseunternehmen für den Sommer Reiseleiter für die USA suchte.

»Du kennst dich doch da aus«, sagte er. »Ruf doch mal an.«

Das tat ich, wurde zu einem Gespräch eingeladen und hatte innerhalb von zwei Wochen einen Job. Von nun an arbeitete ich im Sommer als Reiseleiterin in den USA und führte kleine Touristengruppen durch die Nationalparks. Meine Firma kümmerte sich um die Formalitäten wie Arbeitserlaubnis und Ähnliches. Der Spott blieb nicht aus.

»Was für ein Abstieg. Von der Anwältin zur Reiseleiterin«, machten sich einige Bekannte lustig.

»Du hättest so ein schönes Leben haben können«, bedauerte meine Familie zum wiederholten Mal.

Mir war das egal. Ich verdiente in diesem Job gutes Geld, bekam noch bessere Trinkgelder und durfte mich in den schönsten Gebieten Amerikas aufhalten. Dabei konnte ich auch noch Material für Reiseartikel sammeln, mit denen ich mir ein weiteres Zubrot verdiente. Was konnte an dem Job als Anwältin besser sein? Mein Arbeitsplatz war nun die Natur statt eines kleinen Büros oder eines muffigen Gerichtssaals. Die Menschen, mit denen ich jetzt zu tun hatte, freuten sich auf ihren Urlaub in den USA. Keine Mandanten, die ihre Frustrationen bei mir abluden. Zwar war der neue Job zeitlich begrenzt auf die Sommermonate, aber das reichte mir. Ich konnte mit sehr wenig Geld auskommen.

Nur um meine Hündin Lady machte ich mir Sorgen. Ich liebte sie und vermisste sie schmerzlich, wenn ich unterwegs war. Lady war Amerikanerin. Vor einigen Jahren hatte ich sie aus einem Tierheim in Norfolk, Virginia, vor dem sicheren Tod durch Vergasen gerettet. Bevor sie zu mir kam, blieb ich bei jedem meiner Aufenthalte stets so lange in den USA, wie es mein Touristenvisum erlaubte, also meist bis zu einem halben Jahr. Jetzt wollte ich mich nicht mehr so lange von ihr trennen und flog darum kürzere Zeit, aber dafür öfter in die USA. Zum Glück fühlte sie sich auch bei meinen Eltern wohl und wurde dort so sehr verwöhnt, dass sich mein schlechtes Gewissen ein wenig beruhigte.

Während ich meinen ersten Sommer als Reiseleiterin begann, recherchierte ich, wo ich mehr über wilde Wölfe lernen könnte. Als sich die Saison dem Ende näherte, hatte ich erfahren, dass das »International Wolf Center« in Ely, Minnesota, Forschungsaufenthalte anbot. Dieser US-Staat war der einzige Ort außerhalb von Alaska, in dem eine Wolfspopulation von über zweitausend Wölfen lebte. Ich meldete mich zu einem solchen Forschungsaufenthalt an und war ein Jahr nach meinem ersten Wolfskuss auf dem Weg ins Land der wilden Wölfe.

EINGETAUCHT

Wo sind die Wölfe? Angestrengt schaute ich aus dem Autofenster und versuchte, im undurchdringlichen Dickicht der
Wälder eine Bewegung zu erspähen. Dabei kam der Mietwa-
gen gefährlich ins Schlingern.

Nach einem langen Flug von Frankfurt über Detroit nach
Minneapolis und einer fünfstündigen Autofahrt in den Norden
drohten mir immer wieder die Augen zuzufallen. Aber die
Aussicht, Wölfe zu sehen, ließ meinen Adrenalinspiegel dann
doch in die Höhe schießen. Ich war aufgeregt. Im International
Wolf Center sollte ich zusammen mit Amerikas bekanntesten
Wolfsforschern in nur drei Wochen die Grundzüge von Ökologie, Verhalten von Wolf und Beutetieren sowie den Gebrauch
und Einsatz der Telemetrieausrüstung erlernen. Während ich
aus dem Fenster sah, musste ich über mich selbst lachen. Wie
ein Bluthund folgte ich unbeirrt der Spur der Wölfe. Aber von
denen hatte sich bisher noch keiner gezeigt.

Minnesota empfing mich Anfang Oktober mit der ganzen
Farbenpracht des Indian Summer. Die goldenen Blätter der
Espen strahlten um die Wette mit dem Blutrot des Zucker-
ahorns. Endlich erreichte ich mein Quartier, die Timber Wolf
Lodge. Wenn »Nomen est Omen« gilt, dann war ich hier ge-
nau richtig.

»Willkommen im Wolfsland«, begrüßte mich Dan Groebner, der Biologe und Studienleiter des International Wolf
Center, der mit seinem dunklen, lockigen Haar und dem obligatorischen Vollbart ganz dem Klischee des Wolfsforschers
entsprach. Die Holzfällerjacke, Jeans und gefütterten Stiefel
rundeten das Bild ab. Er sah aus wie eine Figur aus einem
Jack-London-Roman.

Dan stellte mich den anderen vier Teilnehmern des Forschungsseminars vor: Karla, eine sechsundzwanzigjährige Biologiestudentin aus der Schweiz, hoffte, durch die hier erworbenen Kenntnisse einen besseren Ausgangspunkt für ihre berufliche Wunschlaufbahn (»etwas mit Wölfen«) zu erhalten. Linda war etwa vierzig und Lehrerin in Denver. Sie arbeitete ehrenamtlich im Zoo und wollte ihren Schülern die Wölfe näherbringen. John, ein pensionierter Eisenbahner aus Boston mit einer lebenslangen Leidenschaft für Wölfe, hatte nun endlich die Zeit, mehr über seine Lieblinge zu lernen. Und Peter, ein dreißigjähriger Maschinenschlosser aus Deutschland, wollte Fotograf werden und wünschte sich sehnlichst, in Minnesota ein paar Wölfe vor die Linse zu bekommen.

»Ihr seid sicher hungrig«. Dan traf den Punkt. »Wir haben etwas zu essen für euch vorbereitet.« Im Speiseraum der aus Rundhölzern gezimmerten Lodge flackerte bereits ein Feuer im Kamin. Bei einer dampfenden Suppe und Bergen von Spaghetti und Salat besprachen wir das Programm für die nächsten Tage.

Schließlich forderte der Jetlag seinen Tribut, und ich zog mich in die gemütliche Blockhütte zurück, die für die nächste Zeit mein Zuhause sein sollte. Im Wohnzimmer brannte im Holzofen ein Feuer gegen die langsam aufziehende Kälte. Eine offene Küche und ein Duschbad fanden gerade noch Platz in der kleinen Cabin. Das große, aus ganzen Baumstämmen gezimmerte Bett nahm fast das gesamte Schlafzimmer ein. Es wurde von einem dicken, handgearbeiteten Quilt bedeckt. Jetzt erst merkte ich, dass ich kaum noch die Augen aufhalten konnte, und sank dankbar in die weichen Kissen. Ich versuchte noch wach zu bleiben, in der Hoffnung, das Heulen der Wölfe zu hören, aber vergeblich. Sofort fiel ich in einen tiefen, traumlosen Schlaf.

Der nächste Morgen war kalt und stürmisch. Von der Terrasse meiner Cabin aus sah ich die Schaumkronen auf dem Bear Island Lake tanzen – typisch für diese Jahreszeit, in der schon im Oktober der erste Schnee fallen kann. Ich befand mich in einem der kältesten Staaten der USA. Doch viel Zeit zum Frieren blieb nicht. Auf uns wartete ein volles Programm. Jeder der folgenden Tage war angefüllt mit Vorträgen von Biologen, Verhaltensforschern und Fallenstellern. Wir übten, uns mittels Kompass und topografischer Karten im Gelände zu orientieren und lernten die Telemetrie-Ausrüstung kennen. Mit der Telemetrie haben die Forscher eine sehr wirkungsvolle Methode gefunden, um einzelne Wölfe zu orten. Sie informiert über die Bewegungen eines speziellen Wolfes über einen bestimmten Zeitraum hinweg und ermöglicht es so, dem Wolf das ganze Jahr über zu folgen. Dazu trägt das Tier ein Radiohalsband, das mit einem Sender ausgerüstet ist, der ein Signal abgibt. Der Biologe hat eine Antenne, mit der er in die Richtung des Tieres zeigt. Wenn das Signal im Empfänger am lautesten piept, notiert der Biologe die Koordinaten auf einer Karte. Danach wiederholt er den Vorgang an einem anderen Ort. Die Schnittpunkte der beiden Koordinationslinien zeigen, wo sich der Wolf befindet. Jeder Wolf hat eine eigene Sendefrequenz, sodass ein Forscher mehrere Tiere lokalisieren kann.

Uns schwirrte der Kopf bei so viel Theorie. Dann endlich die Erlösung.

»Ihr werdet in den nächsten Tagen Nummer 369 beobachten«, verriet Dan.

Wir sollten eine *Nummer* beobachten?

»369 F ist eine schwarze Wölfin. F steht für ›female‹, also weiblich. M ist ›male‹, ein Rüde«, lautete die Erklärung.

»Wäre es nicht einfacher, den Wölfen Namen zu geben?«, fragte Karla.

»Nun, im Gegensatz zu unseren kanadischen Kollegen geben wir den Wölfen keine Namen«, tönte es in einem tiefen Bariton von der Tür. Ein großer, stattlicher Mann war eingetreten. Der gestutzte, graumelierte Vollbart glich den zurückgehenden Haaransatz aus. Mit dem karierten Wollhemd, einer dunklen Arbeitshose und abgetragenen Wanderstiefeln sah er aus, als käme er geradewegs aus dem Busch. Dr. David L.

(Dave) Mech war gekommen, um uns zu begrüßen. Mech war der Leiter des International Wolf Center und einer der renommiertesten Wolfsexperten der Welt. Peter fiel die Kinnlade herunter, und ich musste kurz schlucken. Mech war der Zeus auf dem Olymp der Wolfsforscher, und die Studenten rissen sich darum, in seine Seminare zu kommen. Er war einer der ersten Wissenschaftler, die wilde Wölfe erforschten, und verbreitete die Aura eines Menschen, der es gewohnt war, bewundert zu werden. Dass er sich »herabließ«, uns zu besuchen, betrachteten wir als große Ehre. Ehrfürchtig hingen wir an seinen Lippen.

»Wir wollen den Wölfen ihre eigenen Namen lassen und vermeiden, einen persönlichen Bezug zu ihnen aufzubauen«, erklärte er mit einem freundlichen Lächeln.

Das verstand ich nicht. Warum konnte man nicht wissenschaftlich arbeiten und trotzdem einen persönlichen Bezug zu den Wölfen haben? Doch ich hatte keine Zeit mehr, meine Frage zu stellen, denn jetzt bekamen wir genaue Instruktionen für die bevorstehenden Aufgaben.

Obwohl wir noch nie einen Blick auf Wölfin 369 geworfen hatten, war sie uns schon bald vertraut. Möglich machte das die Technik. Die Wölfin trug ein Radiohalsband mit einem Sender, dessen Signale wir über einen Empfänger orten konnten. So ließ sich genau feststellen, wo sie sich befand. Die unterschiedliche Signalstärke und Häufigkeit gaben Auskunft darüber, was sie tat. Ob sie schlief, wanderte oder fraß.

Mech erzählte von seiner Arbeit. Er verbrachte wohl mehr Zeit unter Wölfen als irgendein anderer Mensch auf der Welt. Für seine Studenten war er eine lebende Legende.

»Es ist nicht leicht, einen Wolf zu besendern«, erklärte er. »Zunächst einmal müssen wir dieses extrem scheue und intelligente Tier einfangen. Dafür nehmen wir das hier.«

Er zeigte uns ein Fangeisen, wie ich es bisher nur aus Trapperfilmen kannte. Mech sah unsere entsetzten Blicke.

»Keine Sorge. Schaut genau hin. Wenn der Wolf auf diesen Kontakt tritt«, er deutete auf einen Teller in der Mitte der

Falle, »schnappt der Bügel zu und hält den Fuß fest. Fühl mal. Im Gegensatz zu anderen Fallen sind hier die Bügel mit Hartgummi verkleidet. So kann sich der Wolf nicht verletzen.«

Das Angebot, die Konstruktion selbst mit der Hand auszuprobieren, lehnte ich aber dennoch ab. Trotz der Erklärung von Mech gefiel mir die Fallensache nicht. Gab es keine Alternative?

»Wenn wir die Wölfe schützen wollen, müssen wir wissen, was sie tun. Dazu brauchen wir das Radiohalsband. Nur so können wir ihnen folgen und erfahren unter anderem, welche Entfernungen ein Wolf am Tag oder in der Nacht zurücklegt, wie dicht er sich dabei menschlichen Behausungen nähert und wo seine bevorzugten Wanderwege sind«, antwortete der Experte. »Es gibt auch andere Methoden, Wölfe einzufangen«, fuhr er fort. »Unsere europäischen Kollegen arbeiten mit Fangnetzen, in die man die Tiere treibt, und in Kanada werden die Wölfe vom Hubschrauber aus mit einem Narkosegewehr betäubt. Das ist in unseren dichten Wäldern nicht möglich.«

»Wir kontrollieren ständig unsere Fallen«, versuchte nun Dan seinerseits zu beruhigen. »Finden wir einen Wolf, wird er betäubt. Dann geht alles ganz schnell. Er wird vermessen und gewogen. Wir untersuchen seine Zähne und den allgemeinen Gesundheitszustand. Durch die Blutentnahme können wir mit DNA-Untersuchungen seine Verwandtschaft zu anderen Wölfen feststellen.«

Dan Groebner und Dave Mech zeigten uns Bilder von einer solchen Prozedur. Der Wolf war riesig im Vergleich zu Mech, der ihn im Schoß hielt. »Zum Schluss legen wir dem Tier sein Radiohalsband mit der Registriernummer um. Die Batterien des Halsbandes halten normalerweise etwa fünf Jahre. Danach fällt es irgendwann einfach ab. Wenn wir fertig sind, entfernen wir uns leise, um den Wolf beim Aufwachen nicht zu verängstigen.« An das Halsband gewöhne sich das Tier schnell, versicherten die Biologen. Fortan könne nun jeder seiner Schritte verfolgt werden.

Dan führte uns zu dem zum Forschungslabor umgebauten Van. Das Auto war mit einem Sammelsurium aus technischen Geräten, Thermoskannen, Müsliriegeln, warmen Jacken und Mützen vollgestopft, es blieb gerade noch Platz für zwei Stühle und eine umgedrehte Holzkiste als Sitzgelegenheit. Aus dem Lautsprecher ertönten ein leises Rauschen und ein eintöniges »Piep«. Das war »unsere« Wölfin. Momentan schien sie zu schlafen.

Wir teilten uns auf. Jeweils zwei von uns übernahmen zusammen mit einem von Mechs Studenten eine Schicht von vier Stunden. Ich meldete mich mit Peter für die Nachtschicht. Wir tranken Kaffee, um wach zu bleiben, und beobachteten die Monitore. Peter hielt seine Kamera fest umklammert, als könne er damit das Erscheinen der Wölfin beschleunigen.

Plötzlich veränderte sich das Geräusch. Schlagartig waren wir hellwach. Nummer 369 war aufgestanden – und bewegte sich auf uns zu.

»Wo ist sie? Wo ist sie? Siehst du was?« Peter sprang aufgeregt im Wagen hin und her, die Kamera im Anschlag.

»Schhh…, du vertreibst sie noch. Sei doch leise!«

Wir verglichen Radiofrequenz und Karte. 369 musste sich direkt gegenüber von uns auf der anderen Straßenseite befinden. Wir verrenkten uns fast die Hälse und schauten angestrengt in die Dunkelheit. Nichts! Wie soll man auch einen schwarzen Wolf in stockdunkler Nacht erkennen? Da, eine Bewegung. Nur ein Vogel.

Später zeigte die Sendepeilung, dass die Wölfin genau zu diesem Zeitpunkt an unserem Auto vorbei über die Straße gelaufen war. Und wir hatten nichts bemerkt. Die Enttäuschung war greifbar. Zu gern hätten wir das Tier gesehen, das uns schon so vertraut war.

Ich versuchte, dem Ganzen etwas Gutes abzugewinnen. »Wir sollten froh sein, dass die Wölfin so scheu ist. Wenn sie weniger Angst vor Menschen hätte, könnte das ihren Tod bedeuten.« Zwar standen Wölfe in Amerika unter gesetzlichem Schutz, aber sie hatten überall Feinde. Viehzüchter sahen in ihnen eine Konkurrenz, die ihre Rinder fraß. Trophäenjäger schmückten sich nur zu gern mit einem Wolfskopf an der Wand oder einem Fell als Bettvorleger. Es gab genügend Menschen, die Wölfe lieber tot als lebendig sahen. Oft genug war das Einzige, was die Forscher des Wolf Center von einem Wolf fanden, ein zurückgelassenes Radiohalsband und ein paar Blutspuren. Auch unsere Wölfin 369 wurde drei Monate später erschossen aufgefunden. Wir hatten sie nie zu Gesicht bekommen.

Diese erste (Nicht-)Begegnung mit der Wölfin gab mir einen kleinen Einblick in das vorsichtige Verhalten der Tiere. Sie mieden uns Menschen. Bisher kannte ich nur Wölfe, die sich freuten, wenn ich kam. Nun war da ein Wesen, das vor mir davonlief. Ein Tier, das von meiner bloßen stillen Anwesenheit schon so verschreckt war, dass es das Weite suchte.

Doch was hatte ich erwartet? Das hier war kein Zoo. Es waren wilde Tiere. Ich begann zu ahnen, dass noch ein weiter Weg vor mir lag, bis ich das Verhalten der Wölfe verstehen würde.

Eines Abends kam ich nach einem langen anstrengenden Tag in die Lodge zurück. Wir hatten Wolfsspuren gesucht. Als wir eine prächtige unzerstörte Spur im Schlamm entdeckten, zauberte Dan eine vorbereitete Gipsmischung aus dem Rucksack und führte uns in das Geheimnis der Herstellung von Pfotenabdrücken ein. Jeder erhielt einen Becher mit Gips, einen Rührstab und einen Streifen Karton sowie eine Büroklammer. Wasser hatten wir in unseren Trinkflaschen. Ich drückte den Kartonstreifen um die Spur in den Schlamm und schloss ihn mit der Büroklammer zu einem Ring. Dann rührte ich den Gips mit dem Wasser an und goss die Masse in den Abdruck. Als sie ausgehärtet war, hielt ich meinen ersten Pfotenabdruck eines wilden Wolfes in der Hand. Ich war erstaunt, wie groß er war. Er bedeckte meine gesamte Handfläche.

Als ich an der Lodge aus dem Auto stieg, hörte ich Musik.

Jemand spielte Gitarre, und eine Frau sang mit klarer Stimme Countryballaden. Neue Gäste waren angekommen. Der Amerikaner George und seine japanische Frau Michiko. George strahlte eine offene, beleibte Fröhlichkeit aus, während die zierliche Japanerin nicht nur äußerlich, sondern auch stimmlich Edith Piaf glich. Alle saßen auf Holzstämmen um das Lagerfeuer und hörten Michikos klarer Stimme zu. Ich setzte mich zu den anderen Gästen und sang oder summte mit. Das Feuer knisterte und krachte und erhellte die Gesichter der Menschen, die verträumt in die Funken starrten. Der Whippoorwill (eine Nachtschwalbenart) schien mit seinem Getriller den Gesang von Michiko übertönen zu wollen. Und über den See hinweg hallte das gespenstische »Lachen« des Eistauchers. Es roch nach Holz, Erde und Wasser, und ich vergaß alles um mich herum.

Später kamen wir ins Gespräch. George schwärmte von seiner Zeit als Soldat in Garmisch-Partenkirchen. »German Brrratwurst« und »ein Bier bitte« strahlte er und strich sich dabei über seinen Kugelbauch.

Wo immer man in den USA hinkommt, stets findet man jemanden, der einmal in Deutschland stationiert war oder deutsche Vorfahren hat. Auch George erzählte mir, dass er »ein Drittel deutsch, ein Drittel italienisch und ein Drittel irisch« sei.

Die Lodge füllte sich. Die Jagdsaison hatte begonnen. Auf vielen Pick-ups lagen ausgeweidete Hirsche und Rehe – ein Anblick, bei dem ich schlucken musste. John, der Besitzer der Lodge, arbeitete als Jagdführer. Auch George war Jäger.

»Ich gehe morgen mit John raus, mir meinen Hirsch schießen«, erzählte er mit fröhlichem Gesicht. Als er sah, wie ich die Augen aufriss, fügte er noch hinzu:

»Michiko und ich können einen ganzen Winter lang von dem Fleisch leben. Da sparen wir eine Menge Geld. Meine Frau kennt die besten Rezepte für Elchgulasch oder Bärenschinken. Es gibt nichts Besseres als ein Stück Wild.«

Auweia. Jetzt war ich in der Klemme. Eben noch war meine

Welt so wunderbar einfach. Jetzt kam dieses singende Pärchen und rüttelte alles durcheinander. Im Laufe der Jahre hatte ich mir sorgfältig eine Kommode von Vorurteilen gebaut, mit vielen Schubladen. Jäger = Schublade »böse«. Jäger töten Wölfe. Böse, böse, böse! Und nun saß ich da neben diesen netten Menschen und fand sie außerordentlich sympathisch. Ich konnte sie sogar verstehen. Sie sparten Geld und hatten die Gefriertruhe voller »Biofleisch«. Und war es nicht besser, wenn ein Tier »glücklich« starb, also mit einem Gewehrschuss mitten aus dem Leben katapultiert wurde? Auf jeden Fall besser als ein Schlachtviehtransport. Wegen eines Films über einen solchen Transport war ich ursprünglich zur Vegetarierin geworden.

Doch nun saß ich hier, der Stadtmensch, der seine idealisierten Vorstellungen von Natur jedem aufdrängen wollte, ob er sie nun hören wollte oder nicht. Auf der anderen Seite die, die mit und auch von der Natur lebten. Paradoxerweise verspürten wir beide die gleiche Liebe und Wertschätzung für das Tier. Nur war der Jäger näher an der Welt des Tieres und seines Lebensraumes. Auch die Jagd war ein Teil des Lebens. Ich dagegen kaufte mein Fleisch hygienisch abgepackt im Supermarkt. Wie konnte ich es wagen, zu urteilen?

Ziemlich erschüttert über mich selbst ging ich an diesem Abend ins Bett. Ich schwor mir, ein paar Schubladen meiner Vorurteilskommode ordentlich leer zu räumen.

Ein paar Tage später machten wir uns auf den Weg zu einer verlassenen Wolfshöhle. Wie in einer Sardinenbüchse saßen wir dicht gedrängt im Allradfahrzeug. Wir glaubten uns auf der Rallye Paris-Dakar, als der Wagen über Stock und Stein hüpfte. Dies war wahres Wolfsland. Ely grenzt an die Boundary Waters Canoe Wilderness Area, ein Wildnisgebiet höchster Schutzpriorität. Jeder Gebrauch von Motoren ist verboten. Selbst Flugzeuge dürfen nicht über das Gebiet fliegen. »Land der tausend Seen« steht auf den Autoschildern. Abseits der Autostraßen bewegen sich die Bewohner überwiegend mit dem Kanu fort. Wir stellten unseren Wagen am Rande des

Schutzgebietes ab. Die anschließende, fast zweistündige Wanderung gab uns genug Zeit, unsere auf der langen Fahrt steif gewordenen Glieder wieder zu lockern.

Überall fanden wir Tierspuren. Dan zeigte uns, wie man Bären- und Wolfskot identifiziert.

»Wisst ihr, woran man Bärenkot erkennt?«, fragte er mit ernstem Gesicht.

»An den Glöckchen im Kot«, gab er grinsend selbst die Antwort. Wanderern werde empfohlen, kleine Glöckchen am Handgelenk oder Rucksack zu befestigen. Angeblich liefen die Bären davon, wenn sie die Glocken hörten.

»Völlig nutzlos!«, kommentierte Dan entschieden. »Unterhaltet euch einfach nur laut. Dann wissen die Bären, dass ihr da seid, und laufen fort.«

Wie bitte? Wir befanden uns im Bärengebiet und sollten uns laut unterhalten? Was, wenn das die Bären erst recht neugierig machen würde? Von dem Moment an herrschte Totenstille. Das emsige Plappern und Kichern war vollständig verstummt. Selbst der vorlaute Peter brachte auf einmal keinen Ton mehr heraus.

Erst Dans Untersuchung der Bärenhäufchen beruhigte uns.

»Keine Sorge, der Kot hier ist älter. Hier war schon länger kein Bär mehr.«

Bärenkot ist von tiefdunkler Farbe und meist von Beeren und Pflanzenteilen durchsetzt. Wolfskot dagegen ist hell und enthält viele Knochen- und Haarteile. Außerdem ist Bärenkot deutlich größer als Wolfskot und wird in einem Haufen abgesetzt, während Wolfskot als »Wurst« jedem Hundehalter bekannt sein sollte.

»Wenn wir den Inhalt analysieren, können wir genau bestimmen, wann das Tier hier war.« Dan nahm mit einem Spachtel Kotproben für das Labor und tat sie in einen Plastikbeutel.

Die Wolfshöhle, die wir uns anschauen wollten, war schon seit Jahren verlassen.

»Wir bemühen uns bei der Forschung, die Wölfe so wenig

wie möglich zu stören. Darum zeige ich euch nur eine alte, verlassene Höhle, die schon lange nicht mehr benutzt wird.«

Wir näherten uns dem Bau. Knochenreste, Schädel von Rehen und kleineren Nagetieren lagen verstreut herum. Und da war er, der Wolfsbau, gut versteckt unter einer Felswand. Mit mehreren Ausgängen bot er gute Fluchtmöglichkeiten. Ich legte mich auf den Boden und robbte mit dem Oberkörper ein Stück in die Höhle hinein. Es roch dunkel und muffig. Der Gang führte tief in das Innere und knickte dann nach unten ab. Für mich war es das Paradies. Ich stellte mir vor, wie die Wolfsmutter hier ihre Jungen zur Welt gebracht und gesäugt hatte. Schließlich wusste ich ja, wie es sich anfühlt, Wolfswelpen im Arm zu halten.

Meine Bewunderung für die Wölfe wuchs mit jedem Tag, an dem ich mehr über sie erfuhr. Zwar hatte ich immer noch keinen wilden Wolf gesehen, aber ich wusste, dass sie da waren. Vielleicht beobachteten sie mich sogar. Der Gedanke schon reichte mir.

Wir arbeiteten hart. In mehreren Schichten versuchten wir weiterhin, »unsere« Wölfin ausfindig zu machen. Manchmal waren wir ihr sehr nahe, aber nie nahe genug, um sie auch tatsächlich zu sehen.

»Ihr habt euch eine Auszeit verdient«, erfreute uns Dan nach einer Woche. »Morgen habt ihr frei.«

Das war eine gute Gelegenheit, Ely zu erkunden und Souvenirs zu kaufen. Die Stadt hat knapp viertausend Einwohner und ist so etwas wie das Outdoor-Zentrum des nördlichen Minnesota. Ein Dorado für Angler und Kanuten. Zahlreiche ausgezeichnete Galerien, gemütliche Cafés und Sportgeschäfte säumten die einzige Hauptstraße.

Einer meiner ersten Wege führte mich zur Brandenburg-Galerie. Ich bewunderte Jim Brandenburg, der 1991 für sein Engagement, mithilfe der Naturfotografie die Aufmerksamkeit der Öffentlichkeit auf die Umwelt zu lenken, den »World Achievement Award« der Vereinten Nationen erhalten hatte. Sein Buch, das er gemeinsam mit Dave Mech über die weißen

Wölfe von Ellesmere Island veröffentlichte, ist ein Klassiker der Wolfsliteratur.

Brandenburg lebte ganz in der Nähe und besaß diese kleine Galerie. Fasziniert bestaunte ich die Wolfsfotos an der Wand.

»Hallo, Sie müssen die Deutsche sein, die hier im Wolf Center ist«, sagte plötzlich jemand hinter mir. Es war Jim Brandenburg höchstpersönlich.

»Möchten Sie einen Kaffee?«

Ich konnte nur nicken. Woher wusste er?

»Ely ist ein Dorf, da sprechen sich Neuigkeiten schnell herum.« Er schob mir einen Becher mit dünnem Kaffee über den grob gezimmerten Holztisch zu, der mitten in der Galerie stand, und setzte sich mir gegenüber.

»Wie geht es den Wölfen in Deutschland?«, wollte der Fotograf wissen. Ich war erstaunt, dass ihn das interessierte. Der zierliche Mann hörte ruhig zu, als ich ihm erzählte, dass in Deutschland immer noch illegal Wölfe geschossen wurden.

»Das ist traurig. Es sind so schöne Tiere. Sie müssen die Leute aufklären!«

Dann lehnte er sich verschwörerisch vor.

»Ich wohne in einer Cabin hier im Wald. Mitten im Wolfsgebiet. Die Tiere haben Vertrauen zu mir. Darum konnte ich all diese Bilder machen.« Er zeigte auf die Fotos an den Wänden. »Aber jetzt arbeite ich an einem neuen Projekt. Ich habe mir vorgenommen, jeden Tag nur ein einziges Foto zu machen. Das ist für einen Fotografen wie mich wahnsinnig schwer.«

Ich sah ihn verwundert an. Wo war das Problem?

»Ich meine nicht, dass ich ein Foto pro Tag aus mehreren aussuche. Ich will täglich nur ein einziges Foto aufnehmen. Ich habe nur einen Versuch und muss mich auf das Wesentliche konzentrieren. Wenn ich also morgens einen Baum im Nebel fotografiere, und am Nachmittag läuft mir Bigfoot vor die Linse, dann hab ich Pech gehabt.« Er grinste verschmitzt.

Ich war beeindruckt. Das war sicher eine große Herausforderung für einen so leidenschaftlichen Fotografen. Wir unterhielten uns noch eine Weile, bevor er sich verabschiedete. Mit einem »Grüßen Sie die Wölfe« verschwand er aus der Tür. Das war er also. Einer der bekanntesten Naturfotografen der Welt – und ein ganz normaler Mensch, offen und natürlich.

Das »Projekt«, an dem Brandenburg arbeitete, sollte 1997 im National Geographic Magazine unter dem Titel »North Woods Journal« erscheinen. Später wurde es als Buch »Natur im Licht. Ein 90 Tage Bildbuch« auch in Deutschland veröffentlicht.

Mit zwei neuen Brandenburg-Wolfspostern schwebte ich zum weiteren Einkauf. Direkt neben der Galerie lag der Steger Mukluks Laden. Mukluks nur als »Stiefel« zu bezeichnen wäre vermessen. Sie sind eine Weltanschauung. Das handgefertigte Schuhwerk stammte ursprünglich aus der Arktis und zählte zur ersten traditionellen Fußbekleidung der Einwohner Alaskas, Nord-Kanadas und Grönlands. Die Spezialstiefel wurden ähnlich wie der Mokassin aus einem Stück gefertigt. Patti Steger, die Besitzerin des Ladens, hatte 1983 bei einer Hundeschlittenexpedition in die Arktis von Inuit-Frauen ein Paar der Schuhe erhalten und war begeistert, wie leicht, komfortabel und vor allem, wie warm sie waren. Zwei Jahre später eröffnete sie ihren Laden in Ely und ist stolz darauf, dass die Stiefel bis heute ausschließlich in Amerika produziert werden. Teilnehmer von Arktisexpeditionen tragen sie ebenso wie die Schlittenhundefahrer beim Iditarod-Rennen in Alaska. Ich gönnte mir ein Paar der sündhaft teuren Stiefel und habe es bis heute nicht bereut. Noch nach zwanzig Jahren habe ich in eisigen Montana-Wintern bei minus dreißig Grad dank der Mukluks warme Füße.

Mächtig bepackt ging ich schließlich ins Log House Café und ließ mir zum Abschluss meiner Einkaufstour noch eine große Tasse heiße Schokolade schmecken, bevor ich mich wieder auf den Weg zurück zur Lodge machte.

Beim Abendessen erzählte ich Peter von meinem Gespräch mit dem berühmten Fotografen. Er bekam ganz feuchte Augen, zu gern hätte er ihn einmal kennengelernt. Aber auch er war nicht untätig gewesen und hatte unterdessen bei der »Piragis Northwoods Company«, einem der bekanntesten Sportgeschäfte in Minnesota, ein paar Schneeschuhe gekauft. »Man kann nie wissen«, grinste er.

Offensichtlich hatten einige von uns die Hoffnung, vielleicht doch eines Tages noch einmal im Winter in das Land der Wölfe zurückzukehren.

Shopping macht hungrig. Wir ließen uns die Steaks mit Kartoffeln und Salat schmecken. Die Portionen waren riesig und schmeckten grandios. Täglich wurde ich entspannter, was das Essen anging. Ich fühlte mich nicht mehr schuldig, weil ich Fleisch aß. Je mehr ich von der Natur lernte und in ihr lebte, umso natürlicher wurde auch der Tod, der zum Leben gehörte.

Am nächsten Tag besuchten wir die Forschungsstation von Dave Mech, ein gemütliches Blockhaus am Ufer des Birch Lake, tief im Superior National Forest. An den Wänden hingen zahlreiche Landkarten. Die bunten Nadeln, die in ihnen steckten, markierten die Stellen, an denen Wölfe gesichtet worden waren. Von Ordnung keine Spur. Alles lag chaotisch durcheinander: Schmierzettel, Arbeitsanweisungen, Zeitungen und jede Menge großer Gläser mit Erdnussbutter.

»Mit Erdnussbutter kann man prima Mäuse fangen«, flüsterte mir ein Student leise zu.

Dr. Michael Nelson, ein Wildbiologe, hielt einen Vortrag über Wolfsökologie. Auch Mech gab sich noch einmal die Ehre und schaute kurz vorbei und überbrachte uns eine sensationelle Nachricht aus dem Yellowstone-Nationalpark. Dort sollte angeblich eine Gruppe von sechs Wölfen gesichtet worden sein. Einer von ihnen sei irrtümlich erschossen worden. Der Jäger hatte ihn mit einem Kojoten verwechselt. Diese Meldung war im Herbst 1991 eine Sensation. Die politische und emotionale Debatte um eine mögliche Wiederansiedlung von Wölfen in Yellowstone befand sich in der Hochphase. Wenn tatsächlich Wölfe von allein in den Nationalpark gewandert wären, würde sich eine von Menschen durchgeführte Rücksiedlung erübrigen. Später erfuhr ich, dass die Wolfssichtung nicht bestätigt werden konnte. Daraufhin nahm die Regierung die ursprünglichen Wiederansiedlungspläne erneut auf. Niemals hätte ich damals auch nur daran gedacht, dass ich wenige Jahre später selbst im Yellowstone-Wolfsprojekt mitarbeiten würde.

Den Höhepunkt unseres Aufenthaltes hatten die Biologen für unseren letzten Tag vorgesehen: einen Rundflug über Minnesotas Seenlandschaft und das Wolfsgebiet. Jeweils drei Personen passten in das kleine einmotorige Wasserflugzeug mit dem Peilsender. Ich quetschte mich neben Peter auf die Rückbank. Der Pilot kreiste tief über die vielen Seen und die farbenprächtigen Herbstwälder. Das Flammenmeer der Ahornwälder wurde nur von den goldenen Tupfern der Espen und den dunklen, fast schwarzen Farbklecksen der vielen Seen unterbrochen. Ich staunte und staunte und vergaß vor so viel Schönheit, dass mir in solchen kleinen, tief kreisenden Flugzeugen eigentlich regelmäßig übel wird. Ich brachte es nicht fertig, die Augen von dem Anblick loszureißen und nach der Kamera zu greifen, die in meinem Schoß lag. Nur Peter drückte unablässig auf den Auslöser. Der Pilot zeigte uns, wo unsere Wölfin mit der Nummer 369 lebte, empfing jedoch kein Signal von ihr. Wir sahen Elche, Hirsche, einen Kojoten und mehrere Waschbären. Viel zu schnell landete das Flugzeug wieder, um die nächsten Passagiere aufzunehmen.

Noch ganz berauscht von dem Erlebnis trafen wir abends in der Lodge ein, wo ein besonderes Unterhaltungsprogramm auf uns wartete. Wir bekamen Besuch aus dem 18. Jahrhundert, einem »Voyageur«. Das waren französische Pelzhändler, die in ihren großen, etwa acht Meter langen Kanus aus Birkenrinde die Felle von Trappern bis in die Städte des Ostens transportierten. Als solcher hatte sich zumindest Greg Howard verkleidet, der in der Gegenwart seinen Lebensunterhalt als Wildnis Guide und Kanubauer verdiente.

Greg erzählte über die Voyageure: »Sie waren friedliche und vor allem fröhliche Menschen. Sie liebten die Natur und die Einsamkeit. Ihre oft zwanzig Stunden langen Arbeitstage vertrieben sie sich mit vielseitigen Gesängen. Viele von ihnen waren mit Indianerinnen verheiratet. Nur an wenigen Tagen im Jahr trafen sie mit anderen Voyageuren zusammen. Dort verspielten sie ihr hart verdientes Geld, um dann im kommenden Sommer wieder in die Wildnis zu ziehen.«

Mit blumigen Worten nahm uns Greg mit auf die Reise in die Zeit vor zweihundert Jahren. Er entsprach genau dem Bild, das wir uns aus seinen Schilderungen machen konnten: ein weites Baumwollhemd in die schmalen Hosen gestopft, als Gürtel eine bunte Schärpe. Die schmalen Beine steckten in weichen kniehohen Ledermokassins. Ebenfalls aus weichem Leder war seine Umhängetasche genäht. Um die Stirn hatte er ein buntes Band gewunden.

»Alles selbst genäht«, betonte er stolz und strahlte uns mit blitzenden Augen an. Nur die Brille passte nicht ganz in das Bild des Abenteurers.

Noch lange erzählte er an diesem Abend von seinen zwei Leben. Dem einen als Voyageur aus dem 18. Jahrhundert und dem anderen als Bootsbauer in der Gegenwart. Er lebte in einer Blockhütte mitten in der Wildnis, ohne Strom und fließendes Wasser, dafür mit Wölfen und Bären als Nachbarn. Ich war fasziniert – sowohl vom Blockhüttenleben als auch von dem Mann und seiner Ausstrahlung. Gern hätte ich mich noch länger mit ihm unterhalten. Aber dann rief Dan seine Schützlinge schon zum nächsten und letzten Abenteuer zusammen.

Wir fuhren noch einmal hinaus in den Wald. Im Wolfsgebiet wollten wir durch Heulen die Tiere zu einer Antwort bewegen, um so eventuell ihre Anzahl feststellen zu können. Es regnete in Strömen, was die Begeisterung jedoch keinesfalls dämpfte. Wahrscheinlich gaben wir einen merkwürdigen Anblick ab. Bis auf die Knochen durchnässte Zweibeiner, die sich mitten in der Wildnis die Seele aus dem Leib heulten. Ich gab mein schönstes Kojotenheulen zum Besten, so wie ich es von Wild Bill gelernt hatte. Wir heulten und lauschten. Froren und standen unter Hochspannung. Manchmal war das Klappern der Zähne das einzige Geräusch. Dann endlich der ersehnte Laut. Aus dem Wald kam ein einzelner, tiefer Klang, der sich immer weiter hochschraubte. Er kroch durch meine Eingeweide bis in mein Herz. Von der anderen Seite des Waldes kam die Antwort. Schließlich fielen von überall her Wolfsstimmen ein. Tief und dunkel oder hell und hysterisch, jubelnd. Und ich mittendrin. Es war, als wäre ich gleichzeitig in Verona, der Mailänder Scala und der Metropolitan Opera. Ich schärfte all meine Sinne und versuchte, den Klang tief in mich aufzusaugen, um ihn nie wieder zu vergessen. Der Regen vermischte sich mit meinen Tränen. Ich sang mit wilden Wölfen in ihrem Revier. Das war das größte Geschenk, das ich zum Abschied mit nach Hause nehmen durfte.

Gesehen hatte ich in diesen vier Wochen die wilden Wölfe zwar nicht, aber ich durfte mich in ihrem Revier aufhalten. Hatte Spuren gefunden, war in ihre Höhlen gekrochen und hatte schließlich mit ihnen geheult. Auf ihre Weise gaben sie mir einen kleinen Einblick in ihr Leben. Jetzt wollte ich noch mehr über sie erfahren.

Sucht – das Lexikon definiert den Begriff als »körperliche und/oder psychische Abhängigkeit von Drogen, Alkohol, Glücksspiel, Computer; Merkmale: übermächtiger Wunsch, sich die Suchtmittel zu beschaffen; Tendenz zur Dosissteigerung; Entzugserscheinungen bei Entziehung«.

Da hatte ich es schriftlich. Ich war süchtig. Nur dass meine Droge weder der Tabak noch das Glückspiel war. Ich war süchtig nach Wölfen. Ich war ein »Wolfaholic«.

Ich hatte Wölfe geküsst und mit ihnen geheult. Jetzt ließen sie mich nicht mehr los.

»Was ist denn so Besonderes an diesen Tieren?«, fragten meine Freunde in Deutschland. Ich konnte es nicht erklären.

»Sie sind wild ... unzähmbar ... faszinierend ...« Mehr fiel mir nicht ein. Wie sollte ich etwas beschreiben, das so außergewöhnlich war? Ihre Augen – Hellblau bei den Welpen, Gelb oder Ocker bei den Erwachsenen. Ihr dichtes Fell. Die riesigen überdimensionalen Pfoten. Ihr Geruch nach Erde, Gras, Natur. Die Kraft ihrer Kiefer, mit der sie einen Elchkopf zerbeißen können, als sei es ein Hühnerbein. Ihre Ausdauer, die sie über Hunderte Kilometer traben lässt, und die Eleganz, mit der sie über Hindernisse fliegen. Der Mut, der sie sich gegen jeden stellen lässt, der ihre Familie bedroht. Ihre unendliche Geduld beim Spielen mit dem Nachwuchs. Die reine, ungehemmte Freude, mit der sie einander begrüßen. Vor allem aber ihre absolute Präsenz und Aufmerksamkeit für das, was sie gerade tun. Alles Eigenschaften, die auch andere Wildtiere besitzen. Es war mir nur nie aufgefallen. Eigentlich hatte ich noch nicht einmal darüber nachgedacht. Wildtiere und

Natur waren einfach da, eine Selbstverständlichkeit. So normal wie das Aufstehen und Zähneputzen am Morgen.

Jetzt aber fing ich an, die natürliche Welt um mich herum mit anderen Augen zu sehen. Ich bemerkte es zuerst bei den Spaziergängen mit meiner Lady. Ich ging jetzt sehr viel aufmerksamer durch den Wald. Achtete auf Geräusche und Gerüche und beobachtete genau, wie sich mein »Hauswolf« verhielt. Manchmal stand sie wie versteinert am Wegesrand, hielt den Kopf schief und schien auf etwas zu lauschen. Ihr Körper spannte sich. Dann flogen beide Vorderpfoten hoch, um schließlich blitzschnell hinab ins Gras zu stoßen, gefolgt von der Schnauze. Sie hatte eine Maus gefangen – genauso wie die Wölfe in Wolf Park.

Mein Gespräch mit Jim Brandenburg in Ely über die Gefahr, die dem Wolf durch die Menschen drohte, ging mir nicht mehr aus dem Kopf.

»Sie müssen die Leute aufklären!«

Mit viel Enthusiasmus machte ich mich an die Arbeit. In meiner Heimat hatte sich meine neue Leidenschaft schnell herumgesprochen. Nach einigen Zeitungsberichten über mich wurde ich in Schulen und Kindergärten eingeladen, um über das Leben der Wölfe zu berichten. Die Kinder waren, was die Natur betraf, sehr viel aufgeschlossener als die Erwachsenen. Die Vorurteile der Eltern hatten die meisten von ihnen noch nicht erreicht.

Die Mutter eines Kindergartenkindes erzählte mir einmal, dass ihr fünfjähriger Sohn ganz aufgeregt nach Hause gekommen sei und ihr mitgeteilt habe, dass er von nun an die Geschichte von Rotkäppchen nicht mehr vorgelesen haben wolle.

»Das stimmt alles nicht!«, habe der Junge empört gesagt. »Wölfe sind gar nicht böse und fressen auch keine Kinder.«

»Wir mussten auf andere Märchen ausweichen«, schmunzelte die Mutter. »Und wir beschäftigen uns jetzt auch mehr mit anderen wilden Tieren und den Vorurteilen über sie.«

Es freute mich, dass die Botschaft angekommen war.

Anfang der neunziger Jahre gab es in Deutschland kaum

Interesse am Thema Wolf. Erst als 1998 auch hier Wölfe in freier Wildbahn gesichtet wurden, begannen sich die Menschen für die großen Beutegreifer zu interessieren. Bis dahin existierten die Tiere entweder in idealisierten Vorstellungen oder in Schauermärchen.

Es wurde Zeit, das, was ich über Wölfe gelernt hatte, einer größeren Öffentlichkeit bekannt zu machen. Ich setzte mich mit Günther Bloch in Verbindung, den ich zusammen mit seiner Frau Karin in Wolf Park kennengelernt hatte.

Günther war gelernter Reisebürokaufmann und hatte seine Leidenschaft für Hunde durch die Gründung einer Hundeschule, der »Hundefarm Eifel«, zum Beruf gemacht.

Bei langen Gesprächen am Küchentisch von Erich Klinghammer waren wir uns schon früh einig gewesen: Wir wollten etwas dagegen unternehmen, dass in Deutschland immer mehr Wölfe illegal geschossen wurden. Wie dieses »Etwas« aussehen sollte, wussten wir allerdings noch nicht.

»Ihr könntet eine deutsche Dependance von Wolf Park gründen«, hatte Erich vorgeschlagen. Das aber hätte bedeutet, dass wir ein weiteres Wolfsgehege errichten müssten, was wir nicht wollten. Wir wollten uns um wilde Wölfe kümmern.

»Warum gründen wir nicht einen Verein?« Die Idee war geboren. Jetzt ging es an die Verwirklichung. 1991 gründeten wir die »Gesellschaft zum Schutz der Wölfe e. V.«, deren Vorsitz Günther und ich zehn Jahre lang innehatten. In dieser Zeit wuchs der Verein auf über tausend Mitglieder. Die Menschen waren hungrig danach, etwas über Wölfe zu erfahren. Bisher gab es nur zwei Meinungen zum Wolf – das Rotkäppchensyndrom oder der Wolf als Heiliger. Wir wollten über die wahre Natur des Wolfes aufklären, und wir wollten aktiv etwas zum Schutz der Wölfe tun.

Es begann eine sehr arbeitsintensive Zeit. Wir schrieben Zeitungsartikel und hielten Vorträge. Wir gaben Seminare zum Thema Wolf und flogen zu Konferenzen in die USA und nach Kanada, um uns weiterzubilden.

Renommierte Wolfsforscher erklärten sich bereit, unsere

Arbeit als wissenschaftliche Berater zu unterstützen: Erik Zimen, Erich Klinghammer, Paul Paquet, Ray Coppinger.

1993 begann der Verein ein dreijähriges Forschungsprojekt in der Niederen Tatra in der Slowakei. (Nach Deutschland war der Wolf offiziell noch nicht zurückgekehrt.) Unter der Leitung von Ray Coppinger und Paul Paquet starteten wir ein Herdenschutzhundeprojekt. In Wolf Park hatten wir gesehen, dass es funktioniert. Slowakische Schafs- und Ziegenhalter lernten, dass Hunde ein wirksamer Schutz gegen Wölfe sein können.

Während Günther sich in dieser Zeit überwiegend im Forschungsgebiet aufhielt, organisierte ich in Deutschland eine Aufklärungskampagne über Wölfe.

Wie bei jeder Vereinsarbeit nahmen im Laufe der Jahre die lästige Büroarbeit und der Papierkram immer mehr zu. Günther und ich schmissen den Verein auch nach zehn Jahren noch fast allein. Zwar wollte jeder »etwas mit Wölfen« tun. Das beschränkte sich jedoch nach der Vorstellung der meisten darauf, mit einer Radioantenne einem Wolf hinterherzulaufen. Mit alltäglichen Dingen des Vereinslebens wollte niemand etwas zu tun haben. Die Arbeitsbelastung wurde stärker und zeitintensiver, und wir kamen immer seltener dazu, das zu tun, was wir ursprünglich geplant hatten – im weitesten Sinne Wölfe zu schützen. Neben der (unbezahlten) Vereinsarbeit blieb so kaum noch Zeit für unsere eigentliche Arbeit.

Ich hatte schon 1991 begonnen, für die Mitglieder des Vereins eine Zeitschrift herauszugeben, das »Wolf Magazin«. Anfangs waren es noch einige kopierte Seiten, die ich zusammenheftete und verschickte. Mit der Zeit entwickelte sich immer mehr eine kleine und anerkannte Fachzeitschrift daraus. Das bedeutete noch mehr unbezahlte Arbeit. Später gab ich das »Wolf Magazin« eigenständig in einem professionellen Verlag heraus.

Die Mühe zahlte sich letztendlich aus. Günther und ich konnten durch unsere Arbeit im Verein einen unendlichen Wissensschatz anhäufen und wichtige Kontakte und Verbindungen zu nationalen und internationalen Forschern und Vereinigungen knüpfen. Wir wurden schließlich in der wissenschaftlichen Wolfsszene als Experten für das Verhalten wilder Wölfe anerkannt. Als wir nach zehn Jahren unsere Tätigkeit in der »Gesellschaft zum Schutz der Wölfe e. V.« niederlegten, hinterließen wir einen gesunden Wolfsschutz-Verein und eine solide Basis für die weitere Wolfsaufklärung in Deutschland.

Unterdessen setzte ich alles daran, meinen Traum vom Leben unter wilden Wölfen weiter zu verwirklichen. Viele Menschen haben einen Traum. Ihn umzusetzen gelingt den wenigsten. Meine Existenzängste hatte ich schon längst über Bord geworfen. Die Künstlersozialkasse verschaffte mir dank niedriger Beiträge für Autoren und Journalisten ein Sicherheitspolster für den Fall, dass ich einmal krank werden würde. Meine Wohnung im Haus meiner Eltern und mein altes Auto hatte ich behalten. Zum Leben brauchte ich nicht viel. Hatte ich etwas Geld übrig, wanderte es in mein Sparschwein namens »Wolf«.

Unterdessen bemühte ich mich, auf die kleinen Winke des Schicksals zu achten, die mich wieder ein Stück weiterbringen würden. Ich erinnerte mich an Dave Mechs Ankündigung von einer möglichen Rückkehr der Wölfe in den amerikanischen Yellowstone-Nationalpark. Das war meine Chance. Diesen Park kannte ich wie meine Westentasche. Schon seit 1975 besuchte ich ihn regelmäßig, weil mich die Natur und die Wildtiere so faszinierten. Die Bären, Bisons und Geysire hatten mich in ihren Bann geschlagen. Auch meine Lieblinge, die Kojoten, ließen sich hier gut beobachten. Wölfe jedoch galten in Yellowstone seit siebzig Jahren als ausgestorben.

Trotzdem hatte ich hier bei früheren Aufenthalten immer wieder einmal Wolfsheulen gehört. Es musste also Wölfe geben, davon war ich überzeugt. Die Meldung von Dave Mech und die Internationale Wolfskonferenz in Edmonton, Kanada, an der Günther und ich 1992 für den Verein teilnahmen, bestätigten meine Vermutung. Ein Video zeigte einen Wolf in Yellowstone. Die Wissenschaftler nahmen an, dass das Tier aus dem nördlichen Montana eingewandert war. Die Konferenzteilnehmer diskutierten heftig darüber, ob es sich um einen Wolf oder einen Wolfsmischling handelte. Sie kamen zu keinem Ergebnis. Aber das Thema einer Rückkehr der Wölfe nach Yellowstone war einmal mehr ins Gespräch gekommen. Eine Wiederansiedlung rückte in greifbare Nähe. Und ich wollte dabei sein.

In dieser Zeit der Orientierung traf ich eine bemerkenswerte Frau, die maßgeblich dazu beitrug, die Wölfe nach Yellowstone zurückzubringen: Renée Askins. Renée, ebenfalls eine ehemalige Praktikantin von Wolf Park, hatte in Wyoming den »Wolf Fund« gegründet, eine Organisation, deren einziges Ziel die Vorbereitung für die Wiederansiedlung der Wölfe war.

»Sobald die Wölfe in Yellowstone sind, werde ich den Verein auflösen«, erzählte mir die zierliche Frau mit den langen Haaren in einem Interview. Ich war nach Jackson, Wyoming geflogen, wo Renée lebte, um sie für das »Wolf Magazin« zu ihrer Arbeit zu befragen.

Jackson ist ein kleiner Wildwest-Ort mit Country-Flair und Kitzbühel-Publikum. Mitten in den Bergen von Wyoming gelegen, ist er der Anziehungspunkt für die Reichen und Schönen. Vier große Tore begrenzen den kleinen Stadtpark. Sie bestehen aus Hunderten von Hirschgeweihen. Rund um Jackson lebt eine der größten Hirschpopulationen des Staates. Diese Hirsche werden als Touristenattraktion gehegt und gepflegt und im Winter sogar regelmäßig gefüttert. Dann versammeln sich etwa fünf- bis siebentausend Wapitis auf dem »National Elk Refuge«, einem großen Gelände in der Nähe der Stadt. Mit Pferdeschlitten fahren Touristen durch die Herden und werfen Futterpellets ab wie beim Rosenmontagszug die Narren die Kamellen. Die – wilden – Hirsche trotten den Schlitten hinterher und fressen die Pellets. Die Fütterung ist äußerst umstritten. Kritiker bemängeln, dass sie die natürliche Auslese unterdrückt und sich Krankheiten in den Herden verbreiten. Als ich einmal im Winter diesem Spektakel zuschaute, empfand ich nur ein Gefühl der Scham über die Zurschaustellung der Tiere. Sie hatten ihre Wildheit verloren.

Ich fand das Büro des Wolf Fund in einer kleinen Seitenstraße. Die Wände hingen voller Wolfsbilder und Umwelt-Slogans. Nicholas, Renées Assistent, begrüßte mich. Renée war noch dabei, eine Rede für ein Nutztierzucht-Symposium zu schreiben. Ich beschloss, die Wartezeit für einen Stadtbummel zu nutzen. Im Stadtpark spielte eine Countryband zum Straßenfest auf. Ein Pärchen in Cowboy-Outfit gab Unterricht im Texas-Two-Step. Während ich auf einem Strohballen saß und ein Barbecue-Chicken verdrückte, hörte ich den Musikern zu.

Dann kam Nicholas, um mich ins Büro zurückzuholen. Renée hatte Zeit für mich. Wir setzten uns in die abgewetzten Ledersessel des kleinen Raumes und unterhielten uns über die Arbeit und das Ziel der Organisation. Über die Schwierigkeiten, Vorurteile und Frustrationen, mit denen Renée zu kämpfen hatte, wenn sie versuchte, die Bevölkerung von der Notwendigkeit der Rückkehr der Wölfe zu überzeugen. Bei jedem öffentlichen Meeting, an dem sie teilnahm, wurde sie von Viehzüchtern beschimpft, verflucht und bedroht, weil sie ihnen die verhassten Wölfe »auf den Hals hetzen« wollte.

»Ich verstehe diese Menschen«, verblüffte mich Renée, die eigentlich allen Grund haben sollte, wütend auf die Wolfsgegner zu sein. »Sie haben Angst, dass sich ihr bisheriges Leben verändern wird. Ich versuche, ihnen zu erklären, wie wichtig die Wölfe sind.«

Renée machte einen großen Eindruck auf mich. Es gehörte viel Mut dazu, sich der Wut der Schafs- und Rinderzüchter zu stellen. Wenn ich in Deutschland mit Jägern über meine Leidenschaft für Wölfe sprach und auf heftige Gegenreaktionen stieß, dann zog ich stets buchstäblich den Schwanz ein. Ich wollte mich nicht streiten. Wollte, dass mich alle liebten. Stattdessen sollte ich wütenden Jägern erklären, warum wir Wölfe brauchen oder Schafszüchtern verständlich machen, dass mit Wölfen ihr Leben sich verändern würde. Es erinnerte mich an meine Anwaltstätigkeit und die Gerichtsverhandlungen, in die ich stets mit Übelkeit und Magenschmerzen ging. Ich wich Gesprächen aus und lehnte Einladungen, vor Jagdvereinen oder Viehzüchtern zu sprechen, mit einer fadenscheinigen Entschuldigung ab. Viel lieber wollte ich mich in die Wildnis zurückziehen und meinen Frieden haben.

Während draußen vor dem großen Fenster ein Cowboy im Buffalo-Bill-Outfit mit Sporen und einem Colt im Gürtel vorbeistolzierte und sich von Touristen fotografieren ließ, saß ich im Büro dieser mutigen Frau und schämte mich meiner Feigheit. Ich nahm mir vor, in Zukunft bei unangenehmen Auseinandersetzungen nicht mehr zu kneifen.

Die mühsame Überzeugungsarbeit von Renée Askins und ihrem Team vom Wolf Fund hatte schließlich Erfolg. 1995 war es soweit. Nach zehn Jahren Vorbereitung wurden die ersten vierzehn Wölfe aus Kanada nach Yellowstone gebracht. Ihnen folgten 1996 weitere siebzehn Wölfe. Damit begann das erste und seither erfolgreichste Wiederansiedlungsprojekt der Welt. An dem Tag, als der erste Wolf seine Pfoten auf den Boden von Yellowstone setzte, schloss Renée ihr Büro ab und hängte ein Schild an die Tür: »Mission accomplished!«

Doch meine Mission begann erst jetzt! Wieder einmal packte ich meine Koffer und flog nach Montana. Die Wölfe von Yellowstone sollten von nun an ein wichtiger Teil meines Lebens werden.

Zunächst jedoch stand ich allein auf weiter Flur. Ich landete im tiefverschneiten Bozeman, mietete ein Auto und fuhr in den Park, so wie schon viele Male zuvor auch. Diesmal allerdings hatte ich ein ganz bestimmtes Ziel. Ich wusste, dass die ersten freigelassenen Wölfe im Lamar Valley ihre neue Heimat gefunden hatten. Dieses Tal liegt im Norden des Nationalparks auf etwa zweitausendfünfhundert Metern Höhe.

Umsäumt von hohen Bergen, bleibt es auch in strengen Wintern vor der schlimmsten Witterung geschützt und bietet den großen Hirsch- und Bisonherden reichlich Nahrung. Viele der etwa acht- bis neuntausend Hirsche, die hier überwintern, sind ihrerseits im ewigen Kreislauf der Natur Nahrungsgrundlage für Wölfe und andere Raubtiere.

In Cooke City, einem kleinen Ort am Nordosteingang von Yellowstone, mietete ich eine winzige Blockhütte. Wenn der Wecker morgens noch in der Dunkelheit klingelte, stand ich auf, machte mir ein Sandwich und füllte die Thermoskanne mit Kaffee. Dann fuhr ich in der Morgendämmerung in den Park und kehrte erst wieder nach Hause zurück, wenn es dunkelte. Auf der einzigen Autostraße, die durch das Lamar Valley führt, bummelte ich von Parkbucht zu Parkbucht, hielt mit dem Fernglas Ausschau nach Wölfen und suchte die Berghänge und Täler nach ihnen ab – vergeblich. Ein paar vereinzelte Kojoten trieben sich herum. Ein Laie konnte sie leicht mit Wölfen verwechseln. Wehmütig erinnerte ich mich an »Wild Bill« aus Wolf Park und an unsere gemeinsamen Gesänge. Wie sehr hätte ich ihm gewünscht, hier frei durch die hohen Büsche des Wüstenbeifußes zu streifen. Manchmal sah ich ein dunkles Tier in der Ferne, das ein Wolf hätte sein können. Aber meine Augen waren noch nicht auf Wolfssichtungen geschult. Und das Lamar Valley ist ein sehr großes Gebiet.

Ich änderte meine Taktik. Statt der Wölfe suchte ich Biologen. Wenn einer wusste, wo die großen Beutegreifer waren, dann sie. An ihren weißen Regierungsautos mit den vielen Antennen auf dem Dach waren sie leicht zu erkennen. Schließlich hatte ich ja in Minnesota gelernt, wie die Wölfe mit der Telemetrieausrüstung geortet werden konnten. Antennen = Telemetrie = Radiohalsbänder = Wölfe. Alles ganz einfach. Ich sah ein weißes Auto und junge Leute mit Handantennen an der Straße stehen, bremste und stürzte mit dem Fernglas auf sie zu.

»Wo sind die Wölfe?«

Verständnislose Gesichter.

»Wölfe? Keine Ahnung. Wir suchen Hirsche.«

»Ach …«

Ich wusste damals nicht, dass neben Wölfen auch Kojoten, Hirsche, Dickhornschafe, Bären und Bisons besendert waren. Ganz schön blamabel, meine ersten eigenen Trackingversuche. Aber sie machten mich bekannt – oder eher berüchtigt. Die verrückte Deutsche, die Wölfe sucht. Vermutlich aus Mitleid halfen mir die Biologen. Ich erhielt Tipps, wo Wölfe zuletzt gesehen worden waren. Und tatsächlich – eines Tages entdeckte ich sie. Meine ersten wilden Wölfe in Yellowstone. Frühmorgens tauchten sie auf, die Sonne hatte gnädig eine Lücke in den Frühnebel gebrannt. Wie Gestalten aus einer anderen Welt zogen ein grauer und ein schwarzer Wolf nur wenige hundert Meter von mir entfernt am Ufer des Lamar River vorbei, bevor der Nebel wieder den Vorhang zuzog. Was für ein Auftritt! Noch lange starrte ich auf die Nebelwand und war einfach nur glücklich. Die Wölfe von Wolf Park hatten mich schon fasziniert, jedoch immer mit einem kleinen bitteren Nachgeschmack, weil ihr Leben in Gefangenschaft nicht »natürlich« war. In Minnesota hatte ich vergeblich nach wilden Wölfen Ausschau gehalten. Hier sah ich sie nun endlich. Wilde Wölfe in ihrem Revier – frei! Die Natur schien durch ihre Anwesenheit erst »vollständig« zu werden. Sie gehörten hierher. Siebzig Jahre lang hatte das Land auf sie gewartet. Jetzt waren sie zurück und füllten die ökologische Nische, die ihre Ausrottung hinterlassen hatte. Die Welt war wieder in Ordnung.

Vom »Jagdfieber« gepackt, suchte ich nun viele Stunden lang mit dem Fernglas nach Wölfen. Versuchte, die Magie des ersten Augenblicks wieder hervorzuzaubern. Manchmal traf ich andere Wolfssüchtige mit großen Spektiven (Teleskopen), die auf einem Stativ befestigt waren. Sie ließen mich hindurchschauen. Welch ein Unterschied. Während ich mit meinem Fernglas einen guten Überblick hatte und nach Tieren Ausschau halten konnte, gab mir das Spektiv eine sehr viel höhere

Vergrößerung. Ich konnte aus weiter Entfernung dem Wolf quasi in die Pupille schauen, ohne ihn zu stören.

In Gedanken rechnete ich mir schon aus, wie lange ich sparen musste, um mir ebenfalls so ein Gerät zu kaufen. (Ein paar Jahre später bot mir die Firma Zeiss in Wetzlar an, meine Arbeit mit einem ihrer Spektive und einem guten Fernglas zu sponsern.) Die meiste Zeit jedoch war ich allein im Lamar Valley unterwegs. Die erste Aufregung über die Wiederansiedlung hatte sich gelegt. Die Reporter, die im Januar noch in Scharen durch das Tal gezogen waren, saßen nun wieder in ihren warmen Büros in New York oder Los Angeles und widmeten sich dem Weltgeschehen. Niemand erwartete, in den nächsten Jahren die scheuen Beutegreifer zu Gesicht zu bekommen.

Die Wölfe jedoch überraschten alle und übertrafen die Erwartungen. Von Anfang an waren sie gut sichtbar, gingen sie vor den Augen der begeisterten Biologen und Touristen der Jagd und der Familienplanung nach.

»Wolfwatching« wurde innerhalb weniger Jahre zum Volkssport und zog jedes Jahr mehr Touristen an.

1996 kam ein neuer Biologe in den Park. Rick McIntyre, der die offizielle Berufsbezeichnung »biologischer Techniker« trägt, wurde zum »Leitwolf« und Oberguru für uns Wolfsbeobachter. In der Hierarchie der Wildbiologen des Parks steht er an unterster Stelle – und will es auch nicht anders. So muss er nicht wie die anderen Biologen Zeit im Büro verbringen, sondern kann sich auf seine Feldforschungen konzentrieren.

Fünfzehn Sommer lang hatte Rick im Denali-Nationalpark in Alaska gearbeitet. Dort war es etwas Besonderes, die scheuen Wölfe zu Gesicht zu bekommen. Dann erhielt er eine Teilzeitstelle in Yellowstone. Während der ersten vier Jahre arbeitete er zunächst noch den Winter über im Big Bend Nationalpark in Texas. Seit dem Jahr 2000 ist er ganzjährig in Yellowstone und verbringt den Tag damit, die Wölfe zu suchen und Aufzeichnungen über ihr Verhalten zu machen. Rick ist eines der wichtigsten Mitglieder der Wolfsforscher-Familie von Yellowstone. Die Wölfe sind seine Familie. Er kennt Eltern, Kinder, Enkel und Urenkel und verlässt den National-park nur, um im drei Stunden entfernten Bozeman seinen Wagen zur Reparatur zu bringen oder dringende Einkäufe zu erledigen. Sein kleiner gelber Nissan Xterra mit den drei Dachantennen ist für die Wolfsgroupies wie eine Leuchtre-klame: Hier sind die Wölfe! Steht er mit seiner Telemetrian-tenne neben dem Auto und versucht, durch das Piepen im Empfänger die Wölfe zu orten, hat er innerhalb weniger Mi-nuten schon eine Fangemeinde um sich versammelt, die ihm andächtig zuhört, wenn er etwas über die Wölfe erzählt. Rick spricht leise, langsam und artikuliert. Sein dünnes Haar quillt unter der Baseballkappe hervor bis auf den Kragen seiner gefütterten Blousonjacke, unter der die abgewetzten Jeans ins Endlose zu rutschen scheinen. Im Gegensatz dazu ist der weiße Schnurrbart sauber gestutzt und gibt ein freundliches, sanftes Lächeln preis. Man muss sich ganz auf ihn konzentrie-ren, wenn man ihn verstehen will. Aber dafür ist seine ameri-kanische Aussprache so deutlich, dass sie auch die meisten Ausländer verstehen.

In meinem zweiten Wolfswinter, als ich Rick kennenlernte, wechselte ich erneut meine Taktik. Fortan klebte ich an Ricks gelbem Auto und folgte dem Forscher wie ein Hündchen. Ich machte mich nützlich, wann immer es ging. Hatte ich ir-gendwo Wölfe gesehen und Rick war nicht da, suchte ich ihn und meldete ihm meine Sichtung: Anzahl, Farbe und die Richtung, in die sie liefen. Fuhr ich in die Stadt, um Lebens-mittel einzukaufen, nahm ich seine Einkaufsliste mit. Das ersparte ihm die Trennung von seiner wölfischen Familie. Im-mer öfter unterhielten wir uns über Wölfe und meinen Ein-satz für ihren Schutz in Deutschland.

Innerhalb der ersten zwei Jahre stieg die Wolfspopulation beträchtlich an. McIntyre konnte nicht überall sein. Er brauchte Helfer, die aus verschiedenen Ecken des Parks Sich-tungen meldeten. Hatte er mich inzwischen als vertrauens-würdig und kompetent eingestuft? Oder nervte ich ihn so sehr, dass er mich loswerden wollte? Jedenfalls fragte er mich, ob ich nicht Lust hätte mitzuhelfen. Der »Herr der Wölfe« ließ mich mitarbeiten! Endlich! Ich erhielt ein Funkgerät mit seiner einprogrammierten Frequenz (»Unit One«) und gehörte damit ganz offiziell zu den freiwilligen Helfern des Wolfsprojektes. Mein Traum war wahr geworden.

Von nun an flog ich mehrmals im Jahr nach Yellowstone, um die Wölfe zu beobachten und Rick zu unterstützen. Die Wolfspopulation wuchs und war eine Sensation, denn nirgendwo sonst auf der Welt konnte man so viele Wölfe in ihrem natürlichen Umfeld beobachten. Sie wurden uns quasi auf einem Silbertablett präsentiert. Eine völlig neue Welt tat sich mir auf. Ich erlebte die Wölfe so, wie ich sie weder aus den Gehegen noch aus Büchern kannte. Keine alles dominierenden Alphatiere, sondern Lebewesen, die uns in Vielem ähnlich sind: liebevolle Familienmitglieder, autoritäre Chefs, mitfühlende Helfer, durchgeknallte Teenager und alberne Spaßvögel.

Jetzt, da ich diese Zeilen schreibe, blicke ich zurück auf sechzehn Jahre Wolfsbeobachtungen in Yellowstone. In dieser Zeit habe ich viel von den Wölfen und ihrem Sozialverhalten gelernt. Heute glaube ich, dass ich durch ihr Beispiel ein besserer Mensch geworden bin, weil ich ihr Vorbild von Familie, Fürsorge und Loyalität immer wieder aufs Neue versuche in mein eigenes Leben zu integrieren.

»Unit 21, this is One« quäkte es aus dem Funkgerät.

»This is 21«, meldete ich mich.

»Wo bist du?«, wollte Rick McIntyre alias »Unit One« wissen.

»An Footbridge.« Unterhalb der Parkbucht, in der ich stand, floss der Soda Butte River. Über ihn führte eine kleine Fußbrücke zum Wanderweg. Daher der Name.

»Gut. Bleib da. Ich hab hier einen Schwarzen. Er kommt aus Westen in deine Richtung. Melde dich, wenn du ihn siehst.«

Der Herr der Wölfe gab klare Anweisungen. Ich stellte den Motor ab, zog Handschuhe und Mütze über, stieg aus dem Auto und holte meine Ausrüstung von der Rückbank. Stellte das Zeiss-Spektiv auf und hängte mir das Fernglas um. Stopfte Stift und Block in die Taschen meines Parkas. Mit dem Fernglas suchte ich die angegebene Richtung ab. Nichts. Noch war die Sicht schlecht. Nur langsam erhellte sich der Himmel hinter den Bergen. Ich hoffte, dass die Sonne bald auftauchte und die Kälte vertrieb. Im Augenblick zeigte das Thermometer meines Autos minus achtundzwanzig Grad. Gut, dass ich am Morgen die Mukluks angezogen hatte. Darin blieben meine Füße mollig warm. Ein gelber Nissan stoppte neben mir. Rick stieg aus und drehte seine Handantenne in alle Richtungen. Das leise, regelmäßige Klacken wurde lauter.

»480«, stellte Rick fest.

Der Druid-Leitwolf! Die Druids waren neben den Sloughs und Agates die größte und bekannteste Wolfsfamilie im nördlichen Teil von Yellowstone. Ihren Namen hatten sie nach dem größten Berg in ihrem Territorium erhalten, dem Druid Peak.

Sie lebten schon seit Jahren im selben Gebiet, und so konnte ich regelmäßig sowohl ihre Paarungen im Winter als auch deren »Ergebnis« im Frühjahr über einen längeren Zeitraum hinweg verfolgen. Ich kannte die Wölfe wie meine eigene Familie. Hatte beobachtet, wie sie als Welpen aus der Höhle krochen, erwachsen wurden und schließlich selbst Nachwuchs bekamen. Wolf Nummer 480 stammte aus der Leopold-Wolfsfamilie und war im Winter 2003 in das Lamar Valley eingewandert, wo er den Platz des verstorbenen Druid-Leitwolfes 21 M übernahm. 21 M hatte mit seiner Gefährtin 42 F Berühmtheit erlangt, nachdem über die beiden mehrere National-Geographic-Filme gedreht worden waren. Als neuer Druid-Leitwolf kümmerte sich 480 M mit seiner Partnerin, Wölfin Nummer 569 F, liebevoll um den Nachwuchs, sorgte für ausreichend Nahrung und schwang sich, wenn Gefahr drohte, zum mächtigen Verteidiger seiner Familie auf.

Er war ein sehr großer schwarzer Wolf. Mit zunehmendem Alter bekam er – genau wie auch Menschen – ein graues Fell. Ich freute mich darauf, ihn wiederzusehen.

Die Kälte war vergessen.

»Ich fahr noch ein Stück weiter. Mal sehen, ob ich die Signale der anderen finde«, verabschiedete sich Rick, stieg in sein Auto und verschwand.

Ich schaute ihm nach und fragte mich, ob ich ein solches Leben wie er führen könnte, das ausschließlich auf ein einziges Ziel gerichtet ist. Es gehören sehr viel Leidenschaft und Herzblut dazu, sich einer Sache so sehr zu widmen.

Rick kennt jeden einzelnen Wolf; sein Aussehen, seine Persönlichkeit, die Verwandtschaft. Seit er 1996 zum Wolfsprojekt kam, hat er weder einen Tag Urlaub genommen, noch war er jemals krank. Er lebt in einer kleinen Blockhütte in Silver Gate. Von Sonnenauf- bis Sonnenuntergang ist er auf der Suche nach Wölfen. Hat er welche entdeckt, holt er sein kleines Klappstühlchen aus dem Auto, stellt das Spektiv auf und spricht detaillierte Beobachtungen in einen digitalen Rekorder. Abends überträgt er diese Aufnahmen in seinen Computer.

»Meine Notizen über die Wölfe haben inzwischen mehr Seiten als die Bibel«, berichtete er einmal stolz.

Stets umringt von interessierten Touristen, beantwortet der Biologe mit Engelsgeduld selbst die verrücktesten Fragen.

In einem meiner ersten Wolfssommer in Yellowstone stand ich neben ihm und beobachtete eine Gruppe Wölfe in der Ferne. Ein Auto hielt, und eine Frau eilte aufgeregt zu Rick: »Können Sie mir sagen, wann die Wölfe rausgelassen werden?«

Ich riss die Augen auf und wartete gespannt auf die Reaktion des Biologen. Dieser gab der Dame völlig ruhig und freundlich die Kurzversion der Geschichte der Wiederansiedlung und erklärte ihr, warum die Wölfe nicht »rausgelassen« werden müssten. Zufrieden stieg sie in ihr Auto. Wir hörten noch, wie sie ihrem Mann erklärte, dass hier »wirklich echte wilde Wölfe« seien.

Für mich war es die größte Ehre, als Rick mich fragte, ob ich im Wolfsprojekt mithelfen wolle. Als ich mein Funkgerät mit den einprogrammierten Rufnummern von McIntyre übernahm, fühlte ich mich, als hätte ich einen Orden erhalten.

Es wurde heller, und ich konzentrierte mich wieder auf die Suche nach Wolf 480. Nach und nach tauchten die anderen Wolfsbeobachter auf. Sie hatten über Funk mitgehört, wo ich war, und kamen zur Unterstützung. Im Laufe der Jahre sind wir Freunde geworden. Wir alle treffen jährlich etwa zur selben Zeit in Yellowstone ein: im Winter zur Paarungszeit der Wölfe und im Frühjahr, wenn die Welpen geboren werden. Dies sind die spannendsten Zeiten für uns. Der »harte Kern« der Wolfsbeobachter ist ein bunt gemischtes Grüppchen. Viele verbringen jeden Tag ihres Jahresurlaubs hier, andere sind so fasziniert von den Wölfen, dass sie zu Hause alles aufgegeben haben und ganz hierhergezogen sind.

Carol und Mark Rickman aus Colorado kommen seit vielen Jahren ins Lamar Valley. Mark ist Anästhesist in einem großen Krankenhaus in Pueblo und läuft in seiner Freizeit Marathon. Seine Frau Carol arbeitet im Labor von Marks Krankenhaus und jobbt als Freiwillige im Zoo von Pueblo. Auf dem Nummernschild ihres Autos steht »Wolf 39 F«, die Halsbandnummer ihrer Lieblingswölfin.

»Wir haben Unmengen von Geld für Hotels ausgegeben. Da wir nirgendwo unsere beiden Hunde mitnehmen konnten, beschlossen wir schließlich, ein Haus in Silver Gate zu kaufen«, erzählen sie. Mehrmals im Jahr verbringen die beiden dort ihre knappe Freizeit gemeinsam mit ihren Hunden. Befreundete Wolfwatcher dürfen umsonst in ihrem Blockhaus wohnen.

Laurie Lyman lebt mit ihrem Mann Dan ein Leben in zwei Welten. Die beiden ehemaligen Lehrer haben sich 2005 ebenfalls ein Haus in Silver Gate gekauft. In ihrem zweiten Heim in San Diego sind sie nur selten.

»Laurie ist eine der besten Wolfsbeobachterinnen der Welt«, lobt Rick. »Sie findet die Wölfe schneller als ich.«

Die kleine quirlige Achtundfünfzigjährige ist unsere geheime Heldin. Täglich schickt sie uns E-Mails mit den aktuellen Ereignissen des Tages. Selbst wenn sie sich in Kalifornien aufhält oder im Urlaub ist, verpassen wir nicht einen Tag das Wolfsgeschehen, weil andere für sie einspringen und die Beobachtungen an Laurie mailen, die sie dann wieder an uns weiterleitet. Es sind Menschen wie Laurie, die mit ihren Beobachtungen dazu beitragen, das große Gesamtbild des Wolfsverhaltens zu erfassen.

Brian Connolly, ein Buchautor aus Oregon, gehört ebenfalls zur Wolfsgemeinde. Er musste weinen, als er zum ersten Mal die Yellowstone-Wölfe sah. 1997 hörte er im Lamar Valley Wölfe heulen. Kurz darauf erschienen ein Wolf und drei Welpen auf einem Bergkamm, nur wenige hundert Meter entfernt. Die Welpen spielten miteinander. »Ich hatte das Gefühl, dass Amerika endlich einmal etwas richtig gemacht hat«, sagt der Autor, der kurz nach dieser Begegnung seinen Jugendroman »Wolftagebuch« schrieb. Seit dieser Zeit fährt Brian mit seinem Camper mehrmals im Jahr nach Yellowstone.

Gerry Hogston kommt seit vielen Jahren aus Schottland ins Tal der Wölfe. Obwohl er eigentlich als Ingenieur schon längst in Rente sein sollte, wird er von seinem Arbeitgeber noch gebraucht und arbeitet in Teilzeit weiter.

»Mit dem Geld kann ich mir zwei Mal im Jahr einen längeren Aufenthalt in Yellowstone leisten«, sagt der ruhige Schotte, der von allen Wolfwatchern die größte Geduld hat.

Auch Thomas und Christine Stier aus Deutschland sind mit dem Wolfsvirus angesteckt. Die Bankangestellte und der Automechaniker nutzen ihren Jahresurlaub, um im Winter und im Frühjahr im Wolfsprojekt mitzuhelfen. Stolz melden sie sich über Funk mit ihrer Lieblingsnummer »39 G« – wobei »G« für Germany steht.

Viele andere helfen als Freiwillige im Park aus und sind gute Freunde geworden: Die Rentner Ray und Darlene arbeiten jeden Sommer als Campground Hosts auf dem Pebble Creek Campingplatz. Auf ihrem Wohnmobil prangt ein Aufkleber: »Wir verprassen das Erbe unserer Kinder.« Die beiden gehören zu den liebenswürdigsten und hilfsbereitesten Menschen, die ich kenne. Gemeinsam mit ihnen einen Abend am Lagerfeuer des Campingplatzes zu verbringen ist stets mit der Garantie verbunden, den aktuellsten Klatsch und Tratsch aus dem Nationalpark zu erfahren.

»Wusstest du, dass Rick eine Freundin hat?«, erfuhr ich so eines Tages.

»Nein! Rick?« Wie sollte ein Mann, der 365 Tage im Jahr Wölfe beobachtet, eine Freundin finden?

»Er hat ihr das Leben gerettet, als sie von einem Grizzly angegriffen wurde. Sie lebt in Arizona und kommt ein paarmal im Jahr hierher, um Rick zu treffen.« Das Leben schreibt die interessantesten Geschichten, und Ray und Darlene kennen sie alle.

John Kerr war einst ein bekannter Fernsehmoderator für PBS, das öffentliche Fernsehen. Im Winter lebt er in Jackson Hole, Wyoming. Im Sommer arbeitet er als Teilzeitranger für den Parkservice.

»Ich bin hauptsächlich wegen der Wölfe hierhergekommen«, erzählt John und gibt seinen Fans, die den immer noch sehr attraktiven Moderator entdecken, gern ein Autogramm.

Die freiwilligen Helfer im Wolfsprojekt sind leicht an der Ausrüstung zu erkennen. Fast alle haben technisch aufgerüstet, mit Antennen auf dem Autodach, Funkgeräten und den besten Spektiven, die der Markt bietet. Nirgendwo sonst sieht man so viele Markengeräte von Leica, Swarovski oder Zeiss wie an der Straße durch das Lamar Valley.

Viele der Wolfsgroupies kommen stets zur gleichen Zeit und können so von Rick schon fest eingeplant werden. Nach ihrer Ankunft erhalten sie ein Funkgerät und eine Unit-Nummer zugeteilt. Dann stehen sie sich von Sonnenauf- bis Sonnenuntergang, bei Temperaturen zwischen minus dreißig und plus dreißig Grad die Beine in den Bauch, beobachten die Wölfe und melden jede einzelne Bewegung an Rick. Die meisten von uns »Regelmäßigen« haben sich inzwischen ein eigenes Funkgerät gekauft und die Nummer ihrer Lieblingswölfe als Standard-Unit erhalten. Die Hinweise und Beobachtungen von uns Helfern sind von unschätzbarem Wert für das Wolfsprojekt, das – wie jedes staatliche Projekt – unter chronischem Geldmangel leidet.

»Unit 21, this is 39«, riss mich der Funkspruch aus meinen Gedanken. Carol und Mark waren auf dem Weg.

»Kommt schnell her!«, meldete ich mich. Ich hatte gerade eine Bewegung auf der Ebene vor mir bemerkt. Ich brachte das Spektiv in Position und sah Wolf 480 am Ufer des Soda Butte Creek entlangtrotten. Innerhalb weniger Minuten füllte sich die große Parkbucht. Autos trafen im Sekundentakt ein. Viele Touristen in Yellowstone besitzen Scanner, mit denen sie unseren Funkverkehr abhören können. Unser kurzes Gespräch hatte sie alarmiert.

Ich meldete meine Sichtung an »Unit One«. Unterdessen lief der Wolf unbeirrt von der Aufregung durch das Tal. Er erschreckte ein paar Hirsche, die mit den Hufen den Schnee freikratzten, um das spärliche Gras abzurupfen. Dann blieb er stehen, hob den Kopf und heulte. Sein Atem bildete eine Raureifwolke in der kalten Morgenluft. Der Ton kam zeitverzögert aus der Ferne. Keine Antwort. Erst beim dritten Heulen erhoben sich leise Stimmen hoch oben in den Bergen. Die Wölfe antworteten dem Chef. Der drehte schnell ab und verschwand im Wald. Die Familie hatte gerufen.

Wir entspannten uns wieder. Ich packte die Thermoskanne mit heißem Kaffee aus und gönnte mir ein erstes Frühstück auf der Motorhaube des Autos. Schnell schrieb ich das Erlebte in mein Notizbuch. Ich wollte nichts vergessen. Eine Rückfrage bei Rick ergab, dass er keine weiteren Signale empfangen hatte.

Der Morgen war zu schön, um nur herumzustehen. Ich entschloss mich zu einer Schneeschuhwanderung zum Trout Lake, einem kleinen See, der versteckt in den Bergen im nordöstlichen Teil des Soda Butte Valley liegt.

Ich fuhr zum Ende des Tals, stellte das Auto ab, schnallte die Schneeschuhe an und zog den Rucksack auf. Das Fernglas und das Funkgerät nahm ich ebenfalls mit. Dann kraxelte ich den ersten Kilometer steil bergauf. Trotz meiner Schneeschuhe versank ich stellenweise bis zu den Knien im Schnee. Schwer atmend erreichte ich den zugefrorenen See. Die körperliche Anstrengung in einer Höhe von zweitausendfünfhundert Metern machte mir zu schaffen. Ich suchte eine schneefreie Stelle unter einem Baum, holte mein kleines aufblasbares Sitzkissen hervor und machte es mir bequem. Den Rücken an den Stamm gelehnt, einen Becher mit heißem Kaffee in der Hand, das Tagebuch auf den Knien. Um mich herum nichts als weiße Einsamkeit. Augenblicke wie diese sind stets meine kostbarsten Momente.

Wir alle suchen Orte, die uns guttun und die uns zeigen, was wichtig ist. Orte, die unsere Kreativität inspirieren und uns mit dem Universum verbinden. Ein solcher Ort war für mich Trout Lake. Hier konnte ich den Winter mit allen Sinnen wahrnehmen. Für mich ist er die schönste Jahreszeit.

Ich bin ein Winterkind. Geboren im Februar, liebe ich die

Kälte. Hawaii oder die Seychellen haben mich nie gereizt. Lieber mache ich Urlaub in Alaska – möglichst in den langen, dunklen Monaten, wenn das Nordlicht am Himmel tanzt.

Yellowstone ist besonders im Winter für Wolfsbeobachtungen interessant. Die Wölfe tragen ihr schönstes Fell und sind voller Energie und Tatendrang. Es ist Paarungszeit. Die Hormone tanzen Tango. Die Luft knistert vor Spannung. Nur wenige Besucher sind zu sehen. Die meisten scheuen die extremen Temperaturen von minus dreißig Grad. Die Einsamkeit ist überwältigend. Aber am magischsten ist die Stille. In ihr liegen Kraft, Macht, Ausdauer und Geduld. Wenn ich in Yellowstone bin, ziehe ich mich oft zurück, um sie bewusst zu erleben. So wie jetzt bei meiner Schneeschuhwanderung. Auch diesmal war sie allumfassend und so gewaltig, dass ich anfing, die wenigen Laute klar und scharf zu hören. Den Flügelschlag eines Raben über mir. Das Heulen der Wölfe auf dem gegenüberliegenden Berg. Das Yippen und Kreischen der Kojoten einige Kilometer entfernt. Das Seufzen und Knacken der Kiefern, wenn der Wind auf sie traf. Den Schneeklumpen, der vom Baum an meinem Ohr vorbeiflog. Und als ich den Atem anhielt, hörte ich mein eigenes Herz schlagen. Wo in dieser hektischen Welt gab es noch solche Orte?

Nur wenige Tiere waren hier oben am See. Ein paar Bisons zogen ruhig ihre Bahn. Schaufelten mit den mächtigen Köpfen den Schnee beiseite, um zu fressen. Sie sparten Energie und bewegten sich langsam. Selbst das Stehen in der Kälte kostete schon Kraft. Eine stille Ernsthaftigkeit umgab sie. So ganz anders als im Frühling, wenn sie übermütig galoppieren und hüpfen.

Im Winter wird die Welt auf ihre Grundelemente reduziert. Und dennoch produziert sie verzaubernde wunderschöne Dinge im Übermaß. Der Schnee formte wilde und grazile Verwehungen, manche mit scharfen Kanten, andere mit weichen Kurven. Schneehügel erhoben sich über Felsen und Grasbüschel.

An diesem klaren Morgen produzierte die Luft etwas, das die

Nivologen, die Schneewissenschaftler, »Diamantenstaub« nennen: winzige Eiskristalle, die in der Luft stehen oder tanzen.

Besonders magische Formationen erlebt man in Yellowstone in der Nähe von Geysiren oder heißen Quellen. Dort, wo die warme Luft aufsteigt, bilden sich Eiskristalle auf allem, was in ihrem Weg liegt. Kleinste Gebilde, die aussehen wie winzige Bäume oder strammstehende Soldaten.

In meiner Verzauberung und unter den Strahlen der immer wärmer werdenden Sonne war ich eingenickt. Etwas weckte mich. Ich hatte das Gefühl, beobachtet zu werden. Ein kleiner Kojote stand nur wenige Meter von mir entfernt und versuchte, mit schief gelegtem Kopf herauszufinden, was dieses Etwas da am Baum war. Wunderschön sah er aus mit seinem dichten, graubraunen Fell. Kleine Eiskristalle saßen an den Barthaaren und den Spitzen seiner Ohren. Als ich mich bewegte, drehte er sich um und ging. Einfach so. Zwei Mal drehte er sich noch nach mir um, bevor er hinter einem Hügel verschwand.

Um Augenblicke wie diesen zu erleben, war ich hier. Suchte ich immer wieder die Einsamkeit. Mein Leben in Deutschland ist voller Hektik. E-Mails. Anrufe. Abgabetermine für Artikel und Bücher. Vorträge und Lesungen. Steuererklärungen. Treffen mit Freunden und Familie. Selten komme ich zur Ruhe. Trotzdem versuche ich auch dort, mir ab und zu eine kleine Auszeit zu nehmen, und wenn es nur eine ein- oder mehrtägige Wanderung mit meiner Lady ist.

Aber die Stille und Einsamkeit, die ich in Yellowstone finde, sind für mich ein ganz besonderes Geschenk. Aus ihr hole ich mir Kraft. Von ihr lerne ich Durchhaltevermögen und die Weisheit der Zyklen der Natur. Lerne, dass alles seine Zeit hat. Hier kann ich erkennen, wo mein Platz in der Welt ist.

Mir wurde kalt. Es war Zeit, aufzubrechen. Ich warf noch einen letzten Blick zurück und machte mich daran, den Berg hinunterzustapfen. Ich fuhr zum Frühstück nach Cooke City. Im Winter ist dieser Ort von der Außenwelt abgeschnitten. Die einzige für den Autoverkehr offene Straße führt durch den Nationalpark. Am Ortsausgang von Cooke City ist sie für Autos gesperrt. Von dort aus geht es nur noch mit Schneemobilen oder Langlaufski weiter. Im Sommer beginnen hier zwei der schönsten Highways Amerikas, wenn nicht sogar der Welt: der Chief Joseph Highway nach Cody, Wyoming, und der Beartooth Highway nach Red Lodge, Montana. Diese Highways sind jedoch nur an drei bis vier Monaten im Jahr schneefrei.

Das Krankenhaus, der nächste Lebensmittelladen, alle sind mindestens drei Autostunden entfernt. Einer Freundin von mir, die hier lebte, musste eine Krankenschwester den vereiterten Blinddarm auf dem Küchentisch herausoperieren, sonst wäre sie gestorben. In der kleinen Blockhausschule mit nur einem Klassenzimmer werden vier Jahrgänge unterrichtet. Wer ältere Kinder hat, muss umziehen oder sich nach einem Internat umschauen. Die meisten Familien gehen fort. Nur wenige bleiben.

Trotz – oder gerade wegen – dieser Isolation sind die Preise für Baugrundstücke oder Häuser hier fast unerschwinglich. Die wenigen neuen Häuser, die gebaut werden, verstecken sich weit abseits im Hinterland. Ausgewaschene Schlammstraßen machen sie im Sommer nur für Quads und im Winter für Schneemobile erreichbar.

Cooke City übt sich in rustikalem Understatement. Entlang der einzigen Hauptstraße liegen zwei Tankstellen, die Soda Butte Lodge, die auch schon bessere Zeiten gesehen hat, zwei Saloons und einige schon seit Jahren verlassene und langsam zusammenfallende Häuser. Das neueste Prunkstück, das für heftigen Streit innerhalb der hiesigen Bevölkerung gesorgt hat, ist ein dreigeschossiges Gebäude einer großen US-Hotelkette, das den beiden überteuerten Motels die wenigen Gäste wegnimmt. In einem Blockhaus-Bistro wird gutes Essen serviert, allerdings nur wenn der Koch in Stimmung ist. Und »Buns & Beds« bietet fettige, sehr schmackhafte Bison-Burger und ein scharfes Chili auf Styropor-Geschirr sowie den obligatorischen dünnen Kaffee in Pappbechern.

Am Wochenende hat der winzige Ski- und Schneeschuhverleih sein Geschäft für wenige Stunden geöffnet. Die junge, enthusiastische Bedienung braut einen grandiosen Cappuccino auf einer Maschine, die den Wert der kleinen Bretterbude bei weitem übertrifft. So weit zur winterlichen Gastronomie des Ortes. Im Sommer ergänzen noch zwei Souvenirläden das Wohn- und Einkaufserlebnis von Cooke City.

Für Wolfsbeobachter, die die Stille lieben, ist Cooke City im Winter ein Gräuel. Im Gegensatz zu Silver Gate, wo Schneemobile verboten sind, treffen sich im nur fünf Meilen entfernten Cooke City die Anhänger dieser Sportart. Und so lag auch jetzt, als ich zur Soda Butte Lodge fuhr, um mir ein amerikanisches Frühstück zu gönnen, eine bläuliche Dunstglocke über dem Ort. Schneemobile standen mit laufenden Motoren vor den Restaurants, während ihre Fahrer frühstückten. Das Problem des CO_2-Ausstoßes war in diesem Teil des Wilden Westens ein unbekannter Begriff. Neben mir am Tisch unterhielten sich ein paar Männer lautstark über die »gottverd… Kojoten«. Einer erzählte unter dem Beifall seiner Kumpels, wie er einen Kojoten mit dem Schneemobil gejagt und überfahren hatte.

Mir blieb das Frühstück im Hals stecken. Ich zahlte und machte mich aus dem Staub. Zurück in die Einsamkeit, wo die Welt noch in Ordnung war.

»To all Units. This is Unit One.«

Rick meldete sich aus dem Lamar Valley und fragte nach den Beobachtungspositionen seiner fleißigen Helfer. Zeit, wieder auf Wolfssuche zu gehen.

Ich hatte gerade Silver Gate hinter mir gelassen und näherte mich dem nordöstlichen Parkeingang, als mich eine Elchkuh zwang, zu bremsen. Mit ihrem einjährigen Kälbchen, das ihr dicht auf den Fersen folgte, überquerte sie auf langen Beinen staksend und ohne Eile die Straße. Auf der anderen Seite begann sie, genüsslich Tannennadeln von den Zweigen zu zupfen. Im Yellowstone-Nationalpark gibt es etwa zweihundert

Elche. In den Wintermonaten ziehen sie sich in höher gelegene Gebiete zurück. In den dichten Douglasienwäldern liegt weniger Schnee auf dem Boden. So können sie sich leichter fortbewegen und finden außerdem genügend Nahrung.

Es war erstaunlich, wie geräuschlos sich das große Tier durch den Wald bewegen konnte. Irgendwie sehen diese Riesen immer ein wenig falsch proportioniert aus. Zwei Meter Schulterhöhe, lange Beine und eine sehr lange Nase. Dabei täuscht das friedliche und unbeholfene Aussehen. Elche können schneller laufen als ein Rennpferd. Besonders wenn sie Junge haben, ist mit ihnen nicht zu spaßen. Doch diese beiden hier wollten nur in Ruhe fressen. Sie ließen sich von meinem Auto nicht stören.

Ich fuhr weiter ins Lamar Valley, um mich mit den anderen Wolfsbeobachtern zu treffen. Alle standen bei »Dorothy's« zusammen, einer Parkbucht an einer erhöhten Stelle im Lamar Valley. Von hier aus hat man einen wunderschönen Blick über das ganze Tal nach Osten. Die Spektive waren aufgestellt, aber niemand war auf seinem Beobachterposten. Alle unterhielten sich und tauschten Geschichten aus. Eine gute Gelegenheit, die mitgebrachte Schokolade zu verteilen.

Ich kannte die Vorliebe der Amerikaner für deutsche Schokolade und schleppte bei jedem Besuch mehrere Dreihundert-Gramm-Tafeln mit. Die dienten uns allen in »Hungerzeiten« als Überlebensration. Unter großem Hallo machten zwei Tafeln die Runde. Auch Rick bekam seinen Anteil. Der Meister wurde übermütig, drehte seine Funkantenne in alle Richtungen und zeigte dann damit auf mich:

»Ha, ein deutscher Alien.«

Unser ausgelassenes Gelächter wurde unterbrochen.

»Wölfe!«, rief jemand.

Sofort stürzten alle an die Spektive.

»Wo? Wo?«

Sie waren unübersehbar. Vierzehn Wölfe der Slough-Gruppe tauchten aus dem Lamar Canyon auf und liefen nach Osten. Die vordersten verfolgten offensichtlich eine Spur. Sie hatten die Nase am Boden und ließen sich durch nichts ablenken. Ich folgte ihnen so weit wie möglich mit dem Spektiv. Dann sprang ich in mein Auto und fuhr auf der Straße etwa auf gleicher Höhe mit den Wölfen, überholte sie und parkte erneut. Ich kannte ihre Wanderwege und wusste, in welche Richtung sie liefen. So konnte ich vor ihnen dort sein, ohne sie zu stören. Wieder packte ich die Ausrüstung aus und stellte sie auf. Jetzt drehten die Wölfe ab nach Süden und verschwanden schließlich in der Amethyst Drainage, einem kleinen Wäldchen, das dem Zickzack-Verlauf des Amethyst-Baches folgt.

Nun war wieder Warten angesagt. Warten und Ausschau halten. Das ist es, was den Alltag eines Wolfsbeobachters ausmacht. Aber es gab ja nicht nur Wölfe zu sehen. Das Lamar Valley gilt als die »Serengeti Nordamerikas«. Hier leben alle großen Beutegreifer und ihre Beutetiere. Im Winter sehen wir neben den Wölfen und Kojoten eben auch Elche, Bisons, Wapitis und zahlreiche Greifvögel.

»Sie sind wieder da. Auf Jasper Bench«, rief jemand. Auf der anderen Seite des Tals erhebt sich ein Hochplateau. Dort waren die Wölfe aufgetaucht. Offensichtlich hatten sie die Spur, der sie folgten, verloren, denn jetzt liefen sie nicht mehr in einer Reihe, sondern in loser Gruppe. Keiner von ihnen warf auch nur einen Blick auf die kleine Gruppe Hirsche, die sich ängstlich in der Nähe zusammengerottet hatte. Während sich die Leitwölfe jetzt eng beieinander im Schnee zusammenrollten, nutzten die Jungtiere ihre überschüssige Energie für Spiele. Nachlaufen und Verstecken waren angesagt. Einige tauchten hinter hohen Schneewehen unter und warteten darauf, dass sie die anderen aufspürten. Hatten sie sie entdeckt, sprangen sie aus der Deckung und rannten los, dicht gefolgt von ihren Spielgefährten.

Zwei der erwachsenen Wölfe, die erst zugeschaut hatten, ließen sich anstecken. Sie rannten mit, sprangen über die Jungtiere hinweg oder rempelten sie um. Dann fing ein neues Spiel an. Einer der Wölfe hatte eine abschüssige Schneerampe entdeckt. Er warf sich darauf und ließ sich auf dem Rücken hinuntergleiten. Der Wolf fuhr Schlitten! Die anderen taten es ihm nach. Immer wieder rannten die Wölfe nach oben zum Hügel und rutschten ihn herunter.

Ich erinnerte mich an eine Behauptung, die ich in Wolf Park gehört hatte: »Tiere spielen nicht. Alles, was sie tun, ist Vorbereitung auf das Leben.«

Spiel dient dem körperlichen Training und der Verbesserung von sozialen Beziehungen. Das hier aber schien einfach nur reine Freude am »Rutschvergnügen« zu sein, unabhängig vom Alter der Wölfe.

Wir waren entzückt.

»Wie Hunde«, rief Carol.

Mit einem leichten Stich wurde ich an die Trennung von Lady erinnert. Ich vermisste sie. Auch wenn es ihr gutging, so fehlte sie mir doch sehr. Das war stets der einzige Wermutstropfen bei meinen Reisen. Ich konnte sie nicht dabei haben. Hunde können sich in amerikanischen Nationalparks nur eingeschränkt bewegen. Sie dürfen nur an der Leine und nur entlang der Autostraßen laufen. Wanderungen abseits der Straße sind nicht erlaubt. Und das Tier bei der Kälte den ganzen Tag im Auto zu lassen ging auch nicht. Also musste ich meine Hündin schweren Herzens zu Hause lassen, wenn ich auf Wolfstour ging.

Die Wölfe waren inzwischen müde geworden und hatten sich alle eng zusammengekuschelt. Sie schliefen. Wir wussten, von nun an würden wir eine ganze Weile schlafende Wölfe beobachten.

Gelegentlich führe ich für einen oder mehrere Tage in Yellowstone als Guide deutsche Touristen, die einmal Wölfe sehen wollen. Ich zeige ihnen die Plätze, an denen sich die Wölfe am liebsten aufhalten. Erkläre die Charakteristiken der einzelnen Wolfspersönlichkeiten und die Struktur der Wolfsfamilien. Gebe Tipps, worauf man bei der Wolfsbeobachtung achten muss.

Beim Vorbereitungsgespräch fällt dann irgendwann die Frage: »Was brauche ich denn noch für die Beobachtung?«

Eigentlich ist die Ausrüstung gemeint. Aber die ist meist zweitrangig, denn zumindest die technische Ausrüstung wird von mir gestellt. Die wichtigste Eigenschaft, die jeder mitbringen muss, der Wildtiere beobachten will, ist Geduld. Warten können. Den Willen, stundenlang auch schlafende Wölfe zu beobachten. Meine Slough-Wölfe waren ein gutes Beispiel dafür. Sie hielten für den Rest des Tages Siesta.

Als die Sonne unterging, packte ich die Ausrüstung ein und machte mich auf den Weg nach Hause. Diesmal hatte ich eine Cabin in Gardiner, am Nordeingang des Parks, gemietet. Es war stets eine lange Fahrt dorthin: zwei bis drei Stunden, je nachdem, wie viele Bisons auf der Straße standen. Ich ließ mir Zeit. Als es ganz dunkel war und kein Licht mehr den Horizont erhellte, fuhr ich in eine Parkbucht und stellte den Motor ab. Ich stieg aus und zog meine warme Jacke an. Dann lehnte ich mich an das Auto und schaute in den Himmel. Yellowstone ist nicht nur Anziehungspunkt für Tierbeobachter oder Geysir-Fans, sondern auch für Astronomen. Da in und um den Park nachts jede weitere Lichtquelle fehlt und keine Großstadt in der Nähe ist, kommen Sternengucker aus aller Welt, um den Nachthimmel zu bewundern.

Die Winternächte sind so kalt und trocken, dass die Sterne beinahe in Reichweite scheinen. Über mir erstreckte sich ein Baldachin aus kosmischen Diamanten. Die Milchstraße war deutlich zu erkennen. Und dann sah ich sie: die ISS (Internationale Raumstation). Von der Sonne auf der anderen Erdseite angestrahlt, glänzte sie silbern und zog schnell ihre Bahn über den Himmel. Ich schaute und schaute. Hier unter dem Sternenzelt fühlte ich mich als Teil eines Ganzen, als Teil der Erde, des Sonnensystems. Ich *war* das Ganze.

Erst als ich das Zähneklappern und Zittern nicht mehr kontrollieren konnte, riss ich mich von dem Anblick los und stieg in mein Auto. Das Thermometer war bei minus fünfunddreißig Grad stehen geblieben. Ein ganz normaler Winter-Wolfsbeobachtungstag.

HEIMAT UND FAMILIE

Im Februar 2003 war ich erneut auf dem Weg nach Yellowstone. Diesmal flog ich in ein Land, das sich auf den Krieg vorbereitete. Am Flughafen in Atlanta warteten viele Soldaten in Uniform. Sie waren auf dem Weg in den Irak. Ich schaute in die Gesichter dieser jungen Menschen und fragte mich, wie viele von ihnen wohl nach ihrem Einsatz wieder nach Hause zurückkehren würden.

Die Stimmung in den USA hatte sich verändert. Im Supermarkt in Bozeman kauften die Menschen Isolierbänder und Plastikplanen. Die Medien hatten ihnen geraten, Fenster und Türen abzudichten und sich so gegen eine Atombombe oder biologische Waffen zu schützen. Im Fernsehen überschlugen sich die Nachrichtensender mit Horrormeldungen über mögliche Massenvernichtungswaffen und Terrorangriffe. Es herrschte ein Klima der Angst. Die Menschen schienen allen Ernstes zu glauben, dass ein kriegerischer Angriff ihre einzige Rettung vor einem neuen Terrorakt wie 9/11 sei.

Ich habe als Deutsche das Glück, in einem Land aufgewachsen zu sein, wo man in Frieden lebt, in dem fast jeder ein Dach über dem Kopf hat und keinen Hunger leiden muss und in dem jeder seine Meinung sagen darf. Zeiten wie diese, die ich jetzt in Amerika erlebte, machten mir das wieder bewusst.

Ich war gespannt, wie meine amerikanischen Freunde mit der neuen Situation umgehen würden. Auch im Lamar Valley war der bevorstehende Krieg natürlich das vorherrschende Thema bei den Unterhaltungen. Die meisten der Wolfsleute sind politisch interessiert und sehen sich selbst eher als Liberale (von den Republikanern oft abschätzig als »Treehugger« bezeichnet).

Bob Wiltermood zum Beispiel besitzt eine Firma im Staat Washington, die sich für den Schutz von Feuchtgebieten einsetzt und Organisationen bei der Renaturierung solcher Gebiete berät. Bob hat sieben Angestellte und verbringt die wenige freie Zeit, die er sich erkämpfen kann, in Yellowstone. Mit zwei Notebooks hält der achtundsechzigjährige Manager mithilfe eines kleinen Satelliten auch in der Wildnis Kontakt zu seiner Firma.

Als er mich kommen sah, stürzte er auf mich zu und drückte mich so fest an sich, dass mir die Luft wegblieb.

»Ich liebe euch Germans«, rief er immer wieder. »Endlich einmal jemand, der den Idioten in Washington die Zähne zeigt. Dieser Krieg ist ein Wahnsinn!«

So erfuhr ich in Yellowstone, dass die deutsche Regierung die Entsendung von Bundeswehrsoldaten in den Irak abgelehnt hatte und von einer breiten Mehrheit der Bevölkerung in dieser Haltung bestärkt wurde. Ich war mächtig stolz auf mein Land.

An diesem Nachmittag erlebten wir, dass auch in der Welt der Wölfe nicht alles eitel Sonnenschein war. Eine lange schwelende Familienfehde zwischen den Druids und den Sloughs brach aus. Beide Wolfsfamilien hatten schon immer ein Lieblingsrevier im Auge: das Lamar Valley. Viele Jahre war es das Heimatterritorium der Druids. Sie waren hier geboren, ebenso wie ihre Eltern. In ihren Glanzzeiten, wenn sie mit siebenunddreißig Wölfen durch das Tal zogen, schienen die anderen Tiere den Atem anzuhalten. Dann aber spielte das Schicksal mit anderen Karten. Die Druids verloren ihre Welpen durch Krankheiten, und die Sloughs fingen an, sich im Lamar Valley auszubreiten und die Druids aus ihrer Heimat zu vertreiben. Zwei Jahre später war die Zeit für einen Machtwechsel gekommen.

Ich stand mit meinen Freunden im Lamar Valley, genau zwischen den beiden Wolfsfamilien. Wir waren auf einen Hügel geklettert und hatten so einen guten Überblick über das

Tal. Achtzehn Slough-Wölfe fraßen an einem Kadaver und ahnten nicht, dass sechzehn Druids in ihre Richtung unterwegs waren. Keiner hatte die anderen bisher bemerkt. Erst als ein paar Kojoten zum Kadaver liefen, kam Bewegung in die Szene. Wie die Kavallerie kamen die Druids über den Hügel geflogen, die Schwänze und das Nackenfell hoch, die Ohren nach vorn gerichtet. Das Leitwolfpaar und ein grauer Jährling an der Spitze. Die Sloughs flohen nach Westen. Die Druids waren zwar weniger Wölfe, aber es waren überwiegend starke, erwachsene Tiere. Die Kojoten stoben in alle Richtungen. Einige der Slough-Jährlinge hatten noch nicht begriffen, was los war. Sie standen verwirrt am Kadaver. Rennt!, schrie ich ihnen in Gedanken zu. Rennt um euer Leben.

Die Druids mussten den Fluss durchqueren, um die Sloughs zu erreichen. Das verschaffte den Angegriffenen einen kleinen Vorsprung. Wie ein Fächer verteilten sich die Druids. Zogen durch den Fluss über die Hänge. Die Choreografie schien perfekt einstudiert. Nur dass sie hier keiner Anleitung folgten, sondern ihren Instinkten. Sie erreichten den ersten Slough-Jährling. Ich war überrascht, dass sie ihn einfach überholten, und hoffte noch, dass sie die anderen nur in die Flucht schlagen würden. Aber dann schnappten sich die Druids den zweiten Jährling.

Sie stürzten sich in einem Kreis auf das unglückliche Opfer. Schnell war es vorbei. Sie ließen den toten Wolf liegen und rannten weiter nach Westen, immer auf der Spur der flüchtenden Sloughs. Zum Glück erwischten sie keinen mehr.

Die Druids kamen zurück zum Hirschkadaver und legten sich mit bebenden Flanken nieder. Die Ruhe nach der Jagd. Die Druid-Jungwölfe waren immer noch irritiert vom ganzen Geschehen und entsprechend schreckhaft. Einer von ihnen fraß gerade am Kadaver, als ein Kojote mutig beschloss, ihn fortzujagen, um sich seinen Teil zu holen. Er lief auf den Wolf zu. Dieser schoss hoch wie eine Rakete und rannte los, vorbei an den ruhenden Druids, die nun ihrerseits aufsprangen und ihren eigenen Jährling in den Wald jagten. Jeder jagte jeden, und keiner schien mitzubekommen, dass alle aus derselben Familie waren. Die Nerven lagen blank. Schließlich klärte sich die Lage, und die Situation entspannte sich. Die Druids legten sich erschöpft zur Ruhe.

Mir taten die Sloughs leid. Sie hatten schon so viel durchgemacht. Für eine kurze Zeit hatten sie über das beste Wolfsgebiet von Yellowstone geherrscht. Nun hatten sie ihr Revier und außerdem noch einen ihrer Jährlinge verloren. In den nächsten Tagen waren sie sehr unruhig. Sie suchten und heulten, bis sie sich schließlich in ihr früheres Revier am Slough Creek zurückzogen.

Bei kriegerischen Auseinandersetzungen geht es bei den Wölfen – ähnlich wie bei uns Menschen – im Endeffekt stets um die beiden wichtigsten Grundbedürfnisse: Nahrung und Platz.

In den ersten Jahren nach der Wiederansiedlung, als es ausreichend Beute und Lebensraum gab, vermehrten sich die Wölfe explosionsartig. Der Platz wurde langsam eng. Einzelne Wolfsfamilien versuchten, anderen Wölfen ihr Revier abzunehmen. Es begann eine Zeit der Kämpfe und Streitigkeiten. Krankheiten brachen aus. Viele Welpen und erwachsene Wölfe starben an Parvovirose, Staupe und Räude. Was einerseits wie eine Tragödie anmutet, hat andererseits durchaus einen Sinn. Infolge der Krankheiten reduzierte sich die Population selbst. Im Grunde sorgt die Natur auf diese Weise dafür, dass in Yellowstone nur so viele Wölfe leben, wie das Gebiet ernähren kann.

Wölfe sind territoriale Tiere und verteidigen ihr Revier. Es ist ihre Heimat. Sie bietet ihnen Schutz, Sicherheit und Nahrung. Manchmal beneidete ich die Wölfe um diese Beständigkeit, um die Gewissheit, irgendwohin zu gehören.

Was bedeutet Heimat für mich? Viele Jahre konnte ich mit dem Begriff nicht allzu viel anfangen. Ich war überall auf der Welt zu Hause. Als ich gleich nach dem Abitur meine Ausbildung zur Stewardess bei der Lufthansa machte, sagte eine erfahrene Kollegin zu mir: »Kindchen, überleg dir das gut. Wenn du einmal anfängst zu reisen, kommst du nicht mehr davon los.«

Wie recht sie hatte. In meiner Zeit als Stewardess bereiste ich fast alle Länder dieser Erde. Hotels und Flughäfen waren mein Zuhause. In meine Wohnung kam ich nur noch, um meine Kleider zu waschen und die Koffer neu zu packen. Für Familie oder Freunde hatte ich kaum noch Zeit. Man konnte keine Verabredungen mehr mit mir treffen. Wann immer ich einmal länger als drei Wochen zu Hause war, wurde ich unruhig. Ich lebte zwei Winter in einer Künstlerkolonie in Santa Fe, New Mexico, drei Monate in Vancouver, mehrere Monate im Camper in Alaska und längere Zeit in Arizona und Maine. Ausschließlich in meiner Heimatstadt zu leben war für mich undenkbar. Zu spießig. Ich war nicht für einen einzigen Ort gemacht. Eine Zeitlang versuchte ich vergeblich, in die USA auswandern. Mein Leben war eine ewige Suche nach dem perfekten Ort. Und wenn ich dann eine Weile an diesem Ort gelebt hatte, merkte ich, dass das Gras hier auch nicht grüner war und dass irgendwo Urlaub zu machen und dort zu leben zwei völlig verschiedene Dinge sind. Ich habe in diesen Jahren wunderbare Orte gesehen und faszinierende Menschen kennengelernt. Aber ich war rastlos, blieb nirgendwo lange genug, um etwas aufzubauen.

Wie wichtig ein soziales Umfeld ist, verstand ich erst, als ich älter wurde. Als ich alles gesehen und bereist hatte und merkte, dass Heimat mehr ist als ein Ort. Heimat wurde für mich mehr und mehr ein Gefühl. Sie war dort, wo meine Familie und meine Freunde lebten. Nachbarn und vertraute Gesichter. Meine kleine, mittelalterliche Stadt mit dem Dom, den Brücken und ihrer traditionsreichen Geschichte, die ich früher so spießig gefunden hatte, wuchs mir nun mehr und mehr ans Herz.

Ich erinnere mich an ein Weihnachtsfest in Colorado. Bunt, laut, glitzernd – amerikanisch. Immer schon hatte ich amerikanische Weihnachten geliebt. Ich stand in Denver in einer

Shopping Mall. Überall um mich herum die prächtigsten meterhohen Weihnachtsbäume, dicht geschmückt und mit einem Meer von Lichtern. Aus den Lautsprechern tönte das Lied vom rotnasigen Rentier Rudolph. Weihnachtsmänner riefen mit »Ho Ho Ho« zu Spenden für die Heilsarmee auf, während sie heftig die Handglocken schwangen. Menschen eilten mit großen Tüten bepackt vorbei. Dann erblickte ich in der Auslage eines Reisebüros einen Fernseher, in dem ein Film für Winterurlaub in den Bayerischen Alpen warb. Ich blieb stehen und starrte auf die Fernsehbilder. Plötzlich sehnte ich mich nach Kerzenlicht und Kirchenglocken. Ich hatte Heimweh. Während ich meine Fühler in die Ferne ausgestreckt hatte, waren mir Wurzeln in Deutschland gewachsen.

Der irische Autor George Moore hat einmal geschrieben: »Ein Mensch durchreist die ganze Welt auf der Suche nach dem, was ihm fehlt – und findet es zu Hause.«

Ich wünschte, ich könnte sagen, dass ich inzwischen von meinem Reisefieber geheilt bin, aber das ist nicht der Fall. Noch immer werde ich unruhig, wenn ich ein paar Monate lang zu Hause bin. Möchte wieder raus. Vermutlich habe ich doch die Gene einiger meiner Vorfahren: Mein Großvater war als Handwerker auf die »Walz« gegangen, bevor er meine Großmutter traf und sesshaft wurde. Und eine Ururururgroßmutter von mir gehörte zu den ersten deutschen Auswanderern, die es nach Texas zog.

Heute kann ich besser damit umgehen, in zwei Welten zu leben. Ich muss mich nicht mehr für die eine oder andere Welt entscheiden, sondern nehme mir das Beste aus beiden. Ich freue mich über deutsche Brötchen und bin dankbar für die soziale Absicherung in Krankheit und Alter. Dafür genieße ich die Freiheit und das entspannte Autofahren in Amerika. In Deutschland habe ich ein Haus, das mir oft zu groß vorkommt. Meine Eltern hatten mir mein Elternhaus überschrieben und waren in den Nachbarort gezogen. Jetzt habe ich deutlich mehr zu putzen, während ich es in meiner Blockhütte in den USA genieße, alles, was ich brauche, in

Reichweite zu haben. In Amerika mag ich die Ungezwungenheit und Freundlichkeit der Menschen. In Deutschland schätze ich die dörfliche Idylle und die Fürsorge und Freundlichkeit der Nachbarn. Auch wenn es mich immer wieder in die Ferne zieht, möchte ich nirgendwo anders mehr leben als in Deutschland, meiner Heimat.

Wichtiger noch als die Heimat ist für Wölfe ihre Familie. Glaubte man älteren Fachbüchern, dann ist es nicht besonders reizvoll, Teil einer Wolfsfamilie zu sein. Man muss sich dem Chef unterwerfen und wird je nach Position massiv gemobbt. Wenn man Pech hat, kann es sogar passieren, dass man von der eigenen Familie getötet wird. Dass es in Wahrheit ganz anders ist, erfuhr ich erst, als ich freilebende Wölfe beobachtete. Ich war fasziniert, wie liebevoll und fürsorglich die Tiere miteinander umgingen. Ich begann, mich intensiver mit dem Familienleben der Wölfe zu beschäftigen. Mich interessierte, wie so ausgeprägt soziale Tiere in Gemeinschaft zusammenleben. Was war ihr Geheimnis? Ein Grund für mein Interesse war vermutlich auch mein eigenes Scheitern als Familienmensch.

Ich war ein Scheidungskind. Beide Elternteile heirateten später erneut. Zwar wuchs ich wohlbehütet bei meiner damals alleinerziehenden Mutter und liebevollen Großeltern auf. Trotzdem bin auch ich den Weg vieler Scheidungskinder gegangen: Unfähig, Nähe aufzubauen, Menschen zu vertrauen oder Konflikte auszuhalten, stand ich später selbst vor den Trümmern meiner Ehe.

Heute glaube ich, dass wir beide, mein Mann und ich, von Anfang an keine Chance hatten. Wir lernten uns beim Skifahren kennen und zogen innerhalb von vier Wochen zusammen. Wohl wissend, dass das Geschäft meines Partners kurz vor dem finanziellen Ruin stand, stürzte ich mich in die Aufgabe, wenn schon nicht die Welt, so doch wenigstens den Mann meines Lebens zu retten. Stattdessen wurde ich mit in den Abgrund gerissen. Aber wir lebten, als gebe es keine Geldprobleme, kein Morgen. Wir bauten ein Kartenhaus aus Illusionen auf, das schließlich zusammenbrach und uns begrub. Alkohol, ständige Umzüge und vergebliche Arbeitssuche ließen die Spirale des Scheiterns nur noch schneller rotieren. Mit einer Blitzheirat in Las Vegas hofften wir auf einen Sieg der Liebe über die Vernunft – vergeblich. In einem Kreislauf aus enttäuschten Erwartungen, verlorenen Hoffnungen und Schuldzuweisungen versuchten wir qualvoll, aneinander festzuhalten, bis wir schließlich eines Tages endlich loslassen und uns einvernehmlich trennen konnten.

Und nun stand ich in Yellowstone und versuchte von den Wölfen das Geheimnis einer glücklichen Familie zu erfahren.

Wölfe sind sehr familienorientiert. Es gibt keine Patchworkfamilien, Lebensabschnittspartner oder Altenheime. Eine Wolfsfamilie ist eine Art Großfamilie, bestehend aus einem Elternpaar, dem ein- bis zweijährigen Nachwuchs sowie Onkeln und Tanten. Die Wolfseltern haben ein ausgeprägtes Pflichtbewusstsein und sind Vorbild für die Jungtiere, die sie genau beobachten und so lernen, erwachsen zu werden. Wer die Gruppe führt und das Sagen hat, entscheidet sich immer situationsbedingt.

Warum gelingt Wölfen das, was Menschen so selten schaffen: eine Partnerschaft, bis dass der Tod sie scheidet?

Ich glaube, dass zwei Faktoren dafür ausschlaggebend sind, dass Wolfspaare ihr Leben lang zusammenbleiben.

Erstens: Sie konzentrieren sich auf das Wesentliche. Alle arbeiten zusammen zum Wohle der Familie.

Zweitens: Es findet eine ständige Kommunikation statt, und es gibt gemeinsame Rituale, die verbinden.

Die meisten Wolfseltern leben ein ganzes Leben lang monogam zusammen. Allerdings gibt es auch Ausnahmen. Wenn, wie in Yellowstone, reichlich Platz und Beute vorhanden sind, bilden sich Großkommunen wie zu Hippie-Zeiten. Dann kann es passieren, dass neben der Leitwölfin auch andere Weibchen einer Wolfsfamilie Welpen bekommen. So bekamen beispielsweise bei den Sloughs mehrere Jahre hintereinander jeweils vier Wölfinnen Junge. Jede Wölfin hatte ihren eigenen Bau. Aber gelegentlich – besonders wenn die Gruppe zur Jagd aufbrach – brachten die Mütter alle ihre Welpen in eine Höhle und kümmerten sich abwechselnd um die Kleinen. Quasi eine Form von Wolfskindergarten. Aber auch hier blieben die Leitwölfe zusammen, während die erwachsen werdenden Kinder nach und nach abwanderten, um eigene Familien zu gründen. Besonders fürsorglich kümmern sich Wolfsväter um ihren Nachwuchs. Sie sind regelrecht verrückt nach ihnen. In einer Wolfsfamilie wird niemand im Stich gelassen. Auch alte oder kranke Tiere werden versorgt.

Wolf 113 war der Chef der Agate-Wölfe. Bei einem Kampf mit einem fremden Wolf riss ihm dieser die Hoden heraus. Wir wussten nicht, ob er überleben würde. Blutend lag er auf einem Hügel im Revier der Agates. Doch die anderen Wölfe seiner Familie kümmerten sich um ihn. Sie leckten ihm seine Wunden und brachten ihm Fleischstücke mit. Langsam kam Wolf 113 wieder zu Kräften. Nach einigen Tagen konnte er wieder aufstehen und ein paar Meter herumlaufen, bevor er sich wieder hinlegte. Es war Paarungszeit, und der alte Leitwolf konnte nicht mehr für Nachwuchs sorgen. So übernahm ein anderes Mitglied der Familie diese Aufgabe. Gemeinsam mit der Leitwölfin kümmerte er sich auch um den kranken Wolf. Ganz automatisch besetzte er die Führungsposition.

Hatte ich nicht immer gelesen, dass kranke oder schwache Wölfe von den Rudelmitgliedern getötet werden? Nichts davon stimmt. Immer wieder erlebe ich, wie kranke Tiere von der Familie gepflegt werden.

Aber es gibt natürlich auch die berühmte Ausnahme. In Yellowstone war es ein Familiendrama wie aus einem Hollywoodfilm, das selbst die Biologen überraschte.

Die Leitwölfe der Druids, Wolf Nummer 21 M und Wölfin Nummer 42 F, waren die berühmtesten Wölfe im Park. Ein Vorzeigepaar, das seine Familie ruhig, gelassen und souverän führte und selbst schwierige Situationen schnell unter Kontrolle bekam. Das war aber nicht immer so.

Bevor Nummer 42 zur Leitwölfin der Druids aufstieg, erlebte ich eine Situation, die genau dem Bild entsprach, das ich aus der Gehegeforschung kannte: Eine Leitwölfin, die sich nur durch extreme Unterdrückung der anderen Wölfe in ihrer Position halten konnte. Dass das auf längere Zeit nicht gut gehen konnte, zeigt ihre Geschichte:

Wölfin Nummer 40 F war eine der ersten Leitwölfinnen der Druids und die Schwester von Nummer 42 F. Von Anfang an regierten 40 F und ihr damaliger Partner, Leitwolf Nummer 38 M, die Familie mit eiserner Hand. Beide führten ihre Familie immer wieder in Kriege mit benachbarten Wolfsgruppen. Als 38 M außerhalb des Parks illegal erschossen wurde, übernahm der zweijährige Wolf Nummer 21 M seine Position. Mit dem neuen Chef schien es bei den Druids ruhiger zu werden. Nur die Leitwölfin blieb weiterhin aggressiv. Eine fremde Wölfin, die versuchte, sich der Gruppe zu nähern, wurde von ihr buchstäblich in der Luft zerrissen.

Das Jahr 2000 sollte zum Schicksalsjahr für 40 F werden. Die Druid-Familie bestand nun aus dem Leitwolf, fünf Weibchen und zwei Welpen. Im Frühjahr überschlugen sich die Ereignisse und verblüfften Biologen und Fachwelt gleichermaßen. Wieder einmal zeigte sich 40 F von ihrer hässlichsten Seite. Vier Jahre lang hatte sie nun ein extrem aggressives Regime geführt. Sie unterdrückte und verprügelte massiv sämtliche Familienmitglieder, wann immer sich die Gelegenheit bot. Regelmäßig tötete sie die Welpen der anderen Wölfinnen – auch die ihrer Schwester. Es brodelte lange bei den Druids. Bis sich schließlich Widerstand regte. Als 40 F erneut versuchte, die Welpen ihrer Schwester zu töten, lehnte sich diese – zusammen mit der ganzen Familie – gegen das bisherige Terrorregime auf. Gemeinsam töteten sie die Leitwölfin. Die Schwester 42 F übernahm nicht nur deren Position, sondern zog auch zusätzlich zu ihren eigenen Welpen den Nachwuchs ihrer tyrannischen Schwester groß. Die ganze Wolfsfamilie unterstützte sie dabei. Die Wölfe zeigten ein unglaubliches Mitgefühl für den Nachwuchs einer Herrscherin, die ihnen allen das Leben zur Hölle gemacht hatte. Die neue Leitwölfin Nummer 42 wurde als »Cinderella« oder »Aschenputtel-Wolf« weit über die Parkgrenzen hinaus bekannt. Cinderella blieb bis zu ihrem Tod 2004 eine souveräne und freundliche Leitwölfin. Die Druids verhielten sich von nun an deutlich weniger aggressiv. Irgendwie schien der Vorfall die Familie zu vereinen, die vorher nur durch Härte zusammengehalten worden war.

Dass eine dominante Leitwölfin von der eigenen Familie getötet wird, ist äußerst selten. Ich habe es in Yellowstone in sechzehn Jahren nur zwei Mal beobachtet.

In Wolfsfamilien findet eine ständige Kommunikation statt. Sie ist wichtig für eine gegenseitige Verständigung. So lernt jedes Mitglied einer Familie, wo sein Platz ist und welche Aufgaben es zu übernehmen hat. Wölfe kommunizieren mit ihrem ganzen Körper. Sie »sprechen« mit den Augen, den Ohren, der Schnauze, der Rutenstellung, aber auch durch Geruchsmarkierungen und durch Heulen.

Wie kommunizieren wir miteinander? Welche gemeinsamen Rituale haben wir in unseren Familien? Der Gottesdienst an Weihnachten, der Spaziergang am Ostermorgen, das gemeinsame Mittagessen am Sonntag. Rituale schaffen Nähe, Gemeinsamkeit, und auch Orientierung. Wie wichtig sie im Alltag sind, merken wir erst, wenn sie wegfallen.

Eines der schönsten wölfischen Rituale ist für mich das Begrüßungsritual:

Die zwölf Familienmitglieder der Agate-Gruppe schlafen fest. Langsam wachen zwei Jungwölfe auf. Sie gähnen und strecken sich. Rollen sich auf den Rücken. Dann beginnen sie mit ihrer Begrüßungsrunde, um die anderen zu wecken. Die, die sich schon gerührt haben, bekommen die Gesichter geleckt. Der Schwanz dreht sich wie ein Propeller. Jetzt werden auch die restlichen Familienmitglieder wach. Die Leitwölfin springt auf die Füße und führt einen kleinen Tanz auf. Einer der Jungwölfe nähert sich unterwürfig dem Papa und leckt ihm von unten die Schnauze. Der steht auf, stellt sich über ihn und wedelt mit dem Schwanz. Junior schmeißt sich auf den Boden, rollt sich auf den Rücken und stemmt alle vier Pfoten an Papas Brust. Immer mehr Wölfe werden wach und kommen hinzu. Einige haben etwas abseits zusammengerollt geschlafen. Sie erheben sich, schütteln den Schnee aus dem Fell und laufen zur Familie. Überall blitzende Augen, wedelnde Schwänze, deren Bewegungen sich auf den ganzen Körper übertragen. Jeder versucht, die Schnauze der Eltern zu lecken. Es wird geschoben und gedrängelt. Die ganz Eifrigen springen mitten in das Gewühl, um dabei zu sein. Ein Ausdruck reiner Lebensfreude.

Schließlich erhebt einer in dem Wolfsknäuel die Stimme. Andere fallen ein. Jetzt stehen fast alle und heulen in den unterschiedlichsten Tonlagen. Manche singen, andere kreischen aufgeregt. Zwei Graue heben liegend den Kopf und jubilieren. Der Gesang schraubt sich wie ein Crescendo in die Höhe und explodiert in einem grandiosen Finale.

Die ersten Wölfe laufen los. Ein paar Jungwölfe spielen noch Fangen. Aber dann setzt sich die ganze Gruppe in Bewegung und marschiert in einer Linie über den Bergkamm.

Ich bin gern allein und zähle mich eher zu den Einzelgängern. Es gibt Tage oder Wochen, da möchte ich mich vollständig zurückziehen, mit niemandem reden, niemanden sehen. Beispielsweise wenn ich an einem neuen Buch arbeite und in die intensive Endphase komme, in der der Abgabetermin schon in bedrohliche Nähe rückt. Dann entwickle ich eine feste tägliche Routine, die mir hilft, mich zu sammeln und auf das Wesentliche zu konzentrieren. Mein Leben ist dann auf die einfachsten Dinge reduziert. Essen, Schlafen, Hundespaziergang, Schreiben. Diese Struktur gibt mir eine gewisse Beständigkeit und Sicherheit, die alles Äußere unwichtig werden lässt. Aber ich muss auch aufpassen, dass ich in meinem Bedürfnis nach Zurückgezogenheit meine Freunde und Familie nicht vernachlässige. Beziehungen sind keine Einbahnstraße. Sie müssen gepflegt werden – auch wenn es mir manchmal nicht passt. Die Wölfe und ihre Begrüßungsrituale erinnern mich immer wieder daran.

Kürzlich flatterte mir ein Prospekt ins Haus »Führen wie ein Alphawolf«. Es war Werbung für ein Managerseminar. In einem Wildpark sollten die Teilnehmer lernen, ihr Rudel (respektive ihre Firma) zu führen. Da stand:

»Nach den Alphatieren, die für Ruhe und Ordnung sorgen, folgt der Beta-Wolf als Durchboxer und verlängerter Arm des Chefs. Den unteren Teil des Rudels bildet die große Gruppe der sogenannten subdominanten Erwachsenen, deren Aufgabe es ist, den Nachwuchs der Alphapaare aufzuziehen. Denn auch das ist ganz klar geregelt: Nur die Leitwölfe dürfen sich vermehren.«

Ich wusste nicht, ob ich mich über so viel Unsinn ärgern oder darüber lachen sollte. Oder sollte ich eher die Firmen bedauern, auf die derart geschulte Manager losgelassen werden? Training mit Tieren liegt im Trend. Managerseminare arbeiten neuerdings nach dem »Alphaprinzip«. Für eine große Summe Geld setzen sich die Teilnehmer in ein Wolfsgehege und schauen zu, wie der sogenannte Alphawolf sein Rudel dominiert.

Aber Führungsprinzipien in einem Wolfsgehege zu lernen ist der denkbar schlechteste Ansatz. Wölfe in einem Gehege verhalten sich in vielen Situationen nicht »wolfstypisch«. Ein »Omegawolf« würde in Freiheit abwandern. Ein gemobbter Arbeiter kann die Firma verlassen, ebenso wie der »Underdog« seine Familie. Wer von Wölfen Führungsqualitäten lernen will, sollte sie in der Wildnis beobachten. In ihrem natürlichen Umfeld.

Meine erste Vorstellung davon, was einen Leitwolf kennzeichnet, bekam ich an einem Wintertag, als ich zehn Druid-Wölfe im Lamar Valley beobachtete. Wie an einer Schnur aufgereiht, zogen die Tiere durch das Tal. Die kräftigen ein- und zweijährigen Rüden vorweg. Sie schoben mit ihrer mächtigen Brust den hohen Schnee zur Seite. In ihrer Spur folgte das Elternpaar 21 M und 42 F wie Königliche Hoheiten bei einer Parade und schonte seine Kräfte. Am Ende kamen mit etwas Abstand die Kleinen. Sie waren mit Wichtigerem beschäftigt, als Mama und Papa zu folgen. Eine interessante Spur untersuchen, Mäuse jagen oder einem Weißkopfadler hinterher schauen. Aber was machten die Leitwölfe in der Mitte des Familienzuges? Müssten sie nicht vorn laufen, wie es sich für Alphas gehörte? War es nicht ihre Aufgabe, alles zu kontrollieren? Ich war verwirrt. Plötzlich änderten die Wölfe, die vorweg liefen, ihr Verhalten. Etwas erregte ihre Aufmerksamkeit. Ich konnte nicht sehen, was es war. Ihre Körperhaltung drückte Unsicherheit aus. Die Schwänze senkten sich. Fragend drehten sie sich nach den Eltern um und traten zur Seite. Ruhig und gelassen übernahmen diese die Führung. Sie zogen an den Jungtieren vorbei, und die ganze Familie reihte sich hinter ihnen ein. In dieser unbekannten (Gefahren-)Situation hatten die Leitwölfe ganz selbstverständlich wieder die Führung übernommen.

Was also macht eine Führungspersönlichkeit aus? Ist es Stärke, Mut, Größe oder Klugheit? Nichts von allem. Führung ist ganz individuell. Die Führung einer Wolfsfamilie obliegt nicht einem einzigen Tier. Je nach Lebenssituation und Fähigkeiten können auch andere Tiere eine Gruppe anführen. Im heimischen Revier können das sogar Jungwölfe sein. Dem Leitwolf bricht deshalb kein Zacken aus der Krone. In einer Wolfsfamilie kommt es auf Erfahrung an. Trifft ein Anführer aufgrund seiner Erfahrung und Überzeugungskraft in bestimmten Situationen eine Entscheidung, wird diese von der Gruppe akzeptiert. Führung ist also so individuell wie die Persönlichkeit, die sie ausübt. Es gibt nicht *die* Führungspersönlichkeit. Nicht jeder Wolf ist zum Führen bestimmt. Und auch nicht jeder will unbedingt der Boss sein. Viele Wölfe sind zufrieden damit, ihre Aufgabe in der Gruppe zu haben. Sie sind Babysitter, Spurenzieher oder Treiber bei der Jagd. Ihre besonderen Fähigkeiten sind wichtig für die Familie – unabhängig von ihrer Position.

Dass man zwar Führungsqualitäten haben kann, aber nicht unbedingt der Chef sein muss – oder will –, zeigt die Geschichte von einem der bekanntesten Yellowstone-Wölfe: Nummer 302 M, genannt »Casanova«.

Ich sah den zweijährigen Wolf zum ersten Mal im Winter 2003, als er im Lamar Valley erschien und versuchte, bei der Druid-Familie aufgenommen zu werden. Den Namen »Casanova« erhielt er, weil er ein Meister darin war, die Wölfinnen zu bezirzen – und zwar nicht nur die Druid-Damen, sondern auch die Ladies der anderen Wolfsfamilien im Park. Obwohl er letztendlich von den Druids adoptiert wurde, war er jeden Winter während der Paarungszeit auch in anderen Revieren unterwegs. Seine amourösen Ausflüge waren erfolgreich. Casanova sorgte für reichlich Nachwuchs in Yellowstone. Doch als der alte Leitwolf der Druids starb, übernahm Casanova nicht wie erwartet dessen Position, sondern überließ sie seinem zwei Jahre jüngeren Bruder. Er hatte offensichtlich »Wichtigeres« zu tun, als sich um die Familie zu kümmern. Erst im reifen Wolfsalter von neun Jahren wanderte er ab und gründete eine eigene Familie. Sie ließen sich auf dem Blacktail Plateau nieder und waren fortan die »Blacktail-Wölfe«. So wurde der Wolf, der nie ein Leitwolf sein wollte, auf seine alten Tage doch noch der Boss. Es ging ihm gut in dieser neuen Position, wenngleich sein Leben jetzt ein wenig anders aussah als früher. Er hatte nun eine große Verantwortung: eine Familie, die er beschützen musste. Im Herbst 2009 wurde Casanova von einem fremden Wolf getötet. Sein Leben hat uns gezeigt, dass man nicht unbedingt der Boss sein muss, um etwas zu erreichen. Auf eine charmante und beständige Art hat Casanova auf seine Weise zum Erhalt der Wolfspopulation von Yellowstone beigetragen.

2009 führte ich als Guide eine kleine Gruppe Frauen durch Yellowstone. Einige von ihnen waren selbständig tätig, andere in leitenden Positionen. Sie waren auf einer Reise durch die Rocky Mountains und hatten mich für zwei Tage gebucht.

Natürlich kam die Sprache auch auf Führungsqualitäten und darauf, wer in einer Wolfsfamilie »die Hosen anhat«. Ich zeigte den Frauen die graue Leitwölfin der Lamar-Canyon-Wolfsfamilie mit dem Namen »06 Female«. Die Wölfin hat das Herz ihres Vaters, des legendären und mutigen Agate-Leitwolfes 113 M, dem bei einem Kampf die Hoden herausgerissen wurden und der von seiner Familie gesund gepflegt wurde. Ihr Name ist ihr Geburtsjahr (2006).

Sie war eine dreijährige starke und sehr selbstbewusste Wölfin. Wir kennen das von Menschen, die eine gewisse Ausstrahlung haben, der sich kaum jemand entziehen kann. Anfangs war die Wölfin allein unterwegs. Irgendwann kamen zwei große schwarze Rüden hinzu. Es war Paarungszeit, und wir beobachteten, wie wählerisch sie war. Einer der Rüden umwarb sie und versuchte, sich bei ihr einzuschmeicheln. Sie ließ ihn zappeln.

»Oh, der Arme«, klang es einstimmig aus meiner Gruppe.

»Schaut dort. Sie ist an dem anderen Wolf interessiert«, sagte ich.

»Aber der will nicht«, bedauerte eine der Frauen die Wölfin.

»Ach ja, das kenn ich«, seufzte die andere, während alle losprusteten. Fasziniert beobachteten wir, wie die Wölfin ganz allein einen großen Wapitihirsch angriff und erlegte, während die Rüden entspannt zusahen. Dafür mussten sie lange betteln, bevor sie sich an den gedeckten Tisch setzen durften.

»Richtig so! Strafe muss sein«, kam prompt der Kommentar aus meiner Gruppe.

»Bei den Wölfen sind es überwiegend die Weibchen, die eine Familie anführen«, erklärte ich ihnen. »Wenn Entscheidungen getroffen werden müssen, ist es oft so, dass sich nicht nur die Jungwölfe, sondern auch der Partner an der Leitwölfin orientieren.«

Nachdenkliche Gesichter.

»Woran erkennen wir, welcher Wolf der Leitwolf ist?«, fragten die Frauen.

»Am leichtesten an der Schwanzstellung«, antwortete ich.

Leitwölfe tragen ihren Schwanz im Allgemeinen in einer höheren Position. Achtet auch darauf, wie die Wölfe urinieren. Bei den Wölfen urinieren die Leitwölfe mit erhobenem Bein, und zwar die Weibchen *und* die Rüden. Alle anderen hocken sich beim Urinieren hin – auch die Rüden.«

Die Familie der »06 Female« ist übrigens im Jahr 2011 um vier Welpen angewachsen. Die Wolfsrüden haben inzwischen dazugelernt. Es herrscht moderne Arbeitsteilung in der kleinen Familie. Die Rüden kümmern sich aufopferungsvoll um den Nachwuchs. Gelegentlich helfen sie auch bei der Jagd. Aufgrund ihrer Erfahrung und ihrer besonderen Kenntnisse ist es jedoch meist die Wölfin, die das Futter nach Hause bringt. Die Wolfsrüden scheinen emanzipiert genug zu sein, dass sie damit kein Problem haben.

Heimat und Familie – die Lektion, die ich von den Wölfen zu diesen Themen gelernt habe, ist für mich noch lange nicht abgeschlossen. Ich beneide die Wölfe um die Einfachheit und Klarheit, mit der sie in ihren Familien leben. Aber die Wölfe erinnern mich stets auch daran, dass das Paradies nicht perfekt ist und dass wir immer eine neue Chance haben.

WOLF CAMP

Im Sommer 2004 nahm ich an einem »Wolf Base Camp« teil. Gemeinsam mit einigen Biologen und Mitgliedern der Yellowstone Association wollte ich eine Woche im Hinterland des Nationalparks verbringen. Wir sollten bei der »Summer Predation Study« helfen, einer Studie, die das Verhalten von Wolf und Beute während der Sommermonate untersucht. Eine wunderbare Gelegenheit, auch einmal den abgelegenen und nur schwer zugänglichen Teil der sich über neuntausend Quadratkilometer erstreckenden Wildnis zu erleben, denn normalerweise hielt ich mich überwiegend in der Nähe der Straßen und Wege auf, wenn ich Wölfe beobachtete.

Ich buchte meinen Flug diesmal nur bis Salt Lake City. Schon lange war ich nicht mehr die Strecke von Süden durch den Grand Teton Nationalpark nach Yellowstone gefahren. Im Winter ist dort wegen des Schnees kein Durchkommen. Aber jetzt, im Juli, wollte ich die Fahrt genießen.

Während des Fluges nach Denver hatte ich neben einem katholischen Priester gesessen. Im Zeitalter des Terrorismus beruhigte mich das irgendwie. Der Geistliche war in sein Buch vertieft. Ich nutzte die Zeit, um meine Aufzeichnungen noch einmal durchzugehen. Dan Stahler, Biologe des Wolfsprojektes, würde unsere kleine Forschungsgruppe leiten. Seine Ausrüstungsliste hatte ich sorgfältig abgearbeitet. Diesmal war ich mit schwerem Gepäck unterwegs. Eine ganze Zeltausrüstung musste mit. Zum Glück verlief die Pass- und Zollkontrolle beim Zwischenstopp in Denver ohne Probleme. Ich schaffte es tatsächlich, einen großen Koffer und einen riesigen Rucksack ohne Kontrollen durch den Zoll zu schleppen.

In Salt Lake City nahm ich den kleinen Allrad-Mietwagen

in Empfang. Der Pontiac Vibe bot genügend Platz, um zur Not darin zu schlafen. Die Nacht im Hotel war kurz. Meine innere Uhr stand noch auf deutscher Zeit. Also fuhr ich am nächsten Morgen früh los. Die Hitze der Wüstenstadt war bereits spürbar. Ich brauchte noch ein paar Ausrüstungsgegenstände für das Zelt und hielt an einer Mall. Die Geschäfte öffneten erst um zehn. Ich überlegte, wie ich die Zeit bis dahin verbringen sollte. Noch einen Café Latte bei Starbucks oder doch lieber gleich losfahren? Ein laut schmetterndes »God Bless America« riss mich aus meinen Gedanken. Die Hymne spielte im Country-Takt aus versteckten Lautsprechern des Einkaufszentrums, während überall aus dem Boden im Rhythmus der Musik Wasserfontänen hochschossen. Nur ein tollkühner Sprung rettete mich vor einer Dusche.

So viel leidenschaftlicher Patriotismus musste belohnt werden. Ich blieb. Im selben Moment öffneten sich die Türen zu Barnes & Noble, eine der größten Buchketten Amerikas und mein persönliches Mekka. Ich verstand den göttlichen Hinweis im Land der Mormonen und trat in die klimatisierten Räume.

Mit einem Stapel interessanter Bücher unter dem Arm ließ ich mich im Coffee Shop des Buchladens auf einem Sofa nieder. Bei einem großen Café Latte vergaß ich die Zeit und verpasste beinahe die Öffnung des Sportgeschäftes. Die junge Angestellte an der Hotelrezeption hatte es so eifrig empfohlen, als hinge ihr Leben von meinem Einkauf ab. »Es ist echt cool und hat absolut alles.«

Das Sportgeschäft-das-alles-hat machte seinem Ruf jedoch keine Ehre. Ich bekam weder die sich selbstaufblasende Isomatte, die ich brauchte, noch konnte mir einer der unlustig herumstehenden Verkäufer sagen, welche US-Sockengröße der deutschen Schuhgröße siebenunddreißig entsprach. Frustriert beschloss ich, meine alte Isomatte weiter zu verwenden und meine Mitmenschen notfalls mit dem Duft mehrfach getragener Wandersocken zu erfreuen. Um 10.45 Uhr war ich endlich auf dem Weg nach Norden.

Auf einsamen Landstraßen fuhr ich die nächsten Stunden durch Idaho und Wyoming. Menschenleere Hügel- und Felsenlandschaften. Gescheckte Pferde auf Wiesen, die aussahen, als hätte ein Maler seine Farbtöpfe ausgeschüttet.

Gegen 17.30 Uhr traf ich in Jackson Hole ein. Ich kaufte Lebensmittel für die nächsten Tage, tankte noch einmal voll und fuhr dann weiter in den Grand Teton Nationalpark. Mir stand nicht der Sinn nach Menschen. Es zog mich in die Stille zu den Tieren.

Aber an Stille war zunächst überhaupt nicht zu denken. Bautrupps nutzten die kurze Sommersaison, um die Schlaglochstraßen in den Nationalparks zu erneuern oder zu verbreitern. Straßenschilder bereiteten die Autofahrer auf längere Wartezeiten vor. Ich vertrieb mir die Zeit mit der Beobachtung von Fischadlern. Auf Telefon- und Strommasten entlang der Straße fütterten sie in kunstvoll angelegten Nestern ihre Jungen. Schließlich lotste ein Follow-me-Wagen die Autoschlange etwa fünf Kilometer über unbefestigte Schotterstraßen an der Baustelle vorbei.

Als ich den Südeingang des angrenzenden Yellowstone-Parks erreichte, ging gerade die Sonne unter. Heute würde ich es nicht mehr bis ins Lamar Valley schaffen. Ich fuhr nicht gern nachts. Zu viele Tiere waren unterwegs. Also steuerte ich den Madison-Campground an. Für stattliche achtzehn Dollar erhielt ich einen Platz zugewiesen – inmitten von meterlangen Luxuswohnmobilen. Es kühlte empfindlich ab und begann zu stürmen. Ich baute flink mein Ultra-light-Minizelt auf und richtete mich für die Nacht ein. Das Abendbrot nahm ich im Auto ein: Knäckebrot, Minisalamis und Käsesticks. Alles auch ohne Kühlschrank längere Zeit haltbar. Zum Nachtisch noch einen Schokoriegel. Im Schein der Taschenlampe brachte ich meine Tagebucheintragungen auf den neuesten Stand. Dann zog ich mich im Auto um, wobei ich darauf achtete, dass meine Kleidung frei von Essensgerüchen blieb. Die Lebensmittel und selbst die Zahnpastatube mussten im Auto bleiben. Wir befanden uns schließlich mitten im Grizzlygebiet.

In stockdunkler Nacht kroch ich in mein Zelt und in den Schlafsack. Nach fast zehn Stunden Fahrt war ich hundemüde und wünschte mir nichts sehnlicher als einen tiefen, erholsamen Schlaf.

Aber weit gefehlt. Es wurde Mitternacht. Es wurde ein Uhr. Ich lag immer noch wach. Draußen stürmte es heftig. Angespannt und mit weit offenen Augen lauschte ich den ungewohnten Geräuschen hinter meiner viel zu dünnen Zeltwand. Etwas tropfte auf mein Dach. War es der Regen, oder waren es die Tannennadeln, die der Sturm herunterwehte? Die knisternden Grillfeuer der anderen Camper erloschen. Da … wieder ein Geräusch. Etwas huschte um mein Zelt. Ganz in der Nähe schrie ein Tier. Mein Rücken schmerzte. Mit jeder Drehung verheddderte ich mich mehr im Schlafsack und rutschte von der Isomatte. Mein letzter Zelturlaub war schon viele Jahre her. Im Yellowstone-Park genoss ich normalerweise den Komfort einer Blockhütte oder eines Hotels. Schließlich überwog die Müdigkeit. Mir fielen die Augen zu. Doch schon gegen halb vier war die Nachtruhe vorbei. Ich konnte nicht mehr schlafen. Mir taten alle Glieder weh. Ich baute das Zelt ab und fuhr los. Am Horizont zeigte sich der erste Streifen Dämmerung.

Die nächsten dreieinhalb Stunden fuhr ich über Mammoth Hot Springs und Tower Junction in das Lamar Valley. Erst als ich das weite Hochtal vor mir sah, entspannte ich mich. Home, Sweet Home. Ich kam gerade rechtzeitig zur morgendlichen Wolfsbeobachtung. Nach dieser aufregenden Nacht sehnte ich mich nach nichts so sehr wie nach ein paar ganz normalen Grauwölfen.

Im Sommer sind Wolfsbeobachtungen längst nicht so einfach möglich wie im Winter oder Frühjahr. Die Wölfe sind im Braun und Grün der Landschaft sehr viel schlechter zu entdecken. Hinzu kommt, dass sie durch den Fellwechsel schmaler, kleiner aussehen. Man kann sie schwerer wiedererkennen oder unterscheiden. Sie passen sich jetzt perfekt der Landschaft an. Im Sommer sind Wölfe außerdem eher als Einzelgänger unterwegs. Sie folgen den Hirschrudeln, die sich in die höher gelegenen Gebiete zurückziehen. Erst im Herbst kommen die meisten Wolfsfamilien wieder in die Täler zurück. Sommertouristen sind oft enttäuscht, wenn sie nur sehr wenige Wölfe sehen.

Das satte Grün Anfang Juli war ein ungewohnter Anblick für mich. Ohne die schweren Winterstiefel und nur mit einer leichten Jacke bekleidet, kam es mir vor, als würde ich schweben.

Ich suchte das kleine, gelbe Auto von Rick McIntyre und meldete mich mit zwei Großtafeln Schokolade, die er so liebte, zurück. Etwa dreißig Autos standen in der Parkbucht und mindestens doppelt so viele Touristen. Alle beobachteten Wölfin Nummer 376 von den Druids. Sie spielte mit ihren Welpen in der Morgensonne. Meine Müdigkeit war mit einem Schlag verflogen.

Die anderen Helfer der Wolfcrew trudelten ein. Wölfe, die sich eine Weile nicht gesehen haben, begrüßen sich überschwänglich mit Maulwinkellecken und freudigem Umeinanderspringen. Wir verzichteten auf das Springen und Lecken der Mundwinkel und umarmten uns stattdessen. Alle Freunde waren gekommen, um die Welpen zu sehen, deren »Entstehung« wir im Winter beobachtet hatten. Rick brachte uns auf den aktuellen Stand der Dinge. Die Druids bestanden jetzt aus zweiundzwanzig Wölfen (vierzehn Erwachsene und neun Welpen). Die Wölfin 376 auf dem Berg gegenüber besaß ein neues GPS-Halsband, das aber noch nicht funktionierte. Es war für Mitte Juli vorprogrammiert.

Wir beobachteten die kleine Wolfsfamilie noch eine Weile. Als sie sich zur Mittagsruhe hinlegte, brachen wir zu einer Wanderung zur dreitausend Meter hoch gelegenen Specimen Ridge auf. Das hatten wir für diesen Tag des Wiedersehens geplant. Wir wollten Abschied nehmen von einer Wölfin, die wir viele Jahre kannten und die ein Teil unseres Lebens geworden war: von Cinderella, der Druid-Leitwölfin Nummer 42.

Noch im Winter hatten wir das Elternpaar der Druids zu-

1 Wölfe küsst man nicht – und wenn doch, dann nur handaufgezogene Wölfe wie hier Polarwolf Noran aus dem Wildpark Lüneburger Heide.

2 Der Yellowstone-Nationalpark. Mein Arbeitsgebiet liegt überwiegend im nördlichen Teil des Parks zwischen Mammoth Hot Springs und dem Nordosteingang.

3 Gehegewölfe sollten von klein auf durch Menschen aufgezogen und sozialisiert werden. Hier einer von Erik Zimens Gehegewelpen.

4 Ein Herdenschutzlama bewacht seine Schafsherde.

5 Die ersten Wölfe, die nach Yellowstone kamen, wurden in einem Akklimatisierungsgehege untergebracht, damit sie sich leichter an ihre neue Heimat gewöhnten.

6 Nach siebzig Jahren Abwesenheit der Wölfe in Yellowstone wird der erste Wolf in sein Akklimatisierungsgehege getragen.

7 Zwölf Mitglieder der Slough-Creek-Wolfsfamilie auf dem Weg zur Jagd.
Fünf Minuten später griffen sie einen Wapiti-Hirschbullen an.

8 Bisons lassen sich selten von einem einzelnen Jungwolf stören.

9 Ein Druid-Wolf sorgte für Aufregung, als er unbeeindruckt von Autos und Menschen die Straße überquerte.

10 Der Biologe Rick McIntyre (sitzend) und freiwillige Helfer auf der Suche nach Wölfen.

11 Blockhüttenleben in Montana. Hier die Galerie des Fotografen Dan Hartman.

12 Wichtigste Ausrüstungsgegenstände für die Wolfsbeobachtung sind ein großes Spektiv, ein Fernglas und ein Funkgerät, um Kontakt zum Biologen zu halten.

13 Die kleine Stadt Gardiner am Nordeingang von Yellowstone hat Wild-
west-Flair.

14 Ein Kojote an einem Kadaver. Kojoten sind kleiner als Wölfe und haben
größere Ohren und spitzere Schnauzen.

15 Mit Wolfsküssen begrüßen sich die Mitglieder einer Wolfsfamilie. Sie sind ein Zeichen von Zuneigung und Vertrauen (Gehegewölfe).

16 Das Lamar Valley wird wegen seines Tierreichtums auch »Serengeti Amerikas« genannt.

17 Wolfswelpen betteln um Futter, das die Wölfin hervorwürgt (Gehegewölfe).

18 Ein Wolfswelpe im Alter von etwa vier Monaten (Gehegewolf).

19 Diese Hirschherde lebt in Mammoth Hot Springs (Yellowstone) und lässt sich von Touristen nicht stören.

20 Bisons nutzen gern Straßen und verursachen so »Bisonstaus«.

21 Der Old Faithful ist der berühmteste Geysir der Welt.

sammen beobachten können. Am Tag bevor Cinderella verschwand, hatten sie und ihr Partner Wolf Nummer 21 mehrere Stunden lang eng beieinander in der Sonne gelegen. Das Fell der Wölfe war mit zunehmendem Alter grauer geworden. Wie ein altes Ehepaar schienen sie immer mehr die Nähe des anderen zu genießen. Gelegentlich kuschelten sie sich enger aneinander und leckten ihre Schnauzen. Uns heimlichen Zuschauern wurde warm ums Herz. Ihr dichtes Fell leuchtete in der Sonne. Nie hatten sie schöner ausgesehen als an diesem Tag. Ich spürte einen unbestimmten leichten Schmerz. Ein Hauch von Abschied lag in der Luft.

Am nächsten Tag war Cinderella verschwunden. Ihr Partner und die anderen Familienmitglieder verhielten sich unruhig. Sie heulten. Irgendetwas stimmte nicht. Rick drehte die Radioantenne mit ihrer Frequenz in alle Richtungen. Nichts. Die Stimmung unter den Wolfsbeobachtern war gedrückt. Doug Smith, der Leiter des Wolfsprojektes, machte sich mit dem Forschungsflugzeug auf die Suche. Später erfuhren wir, dass er ein Tot-Signal vom Halsband der Wölfin empfangen hatte. Aus dem Flugzeug sah Smith schließlich ihren blutüberströmten Körper auf dem Bergkamm der Specimen Ridge liegen.

Rick überbrachte uns die Nachricht von Cinderellas Tod. Wir standen gerade auf einem Hügel. In der Ferne sahen wir Nummer 21 und seine Familie in der Nachmittagssonne dösen. Viele von uns weinten. Am nächsten Morgen ging Nummer 21, der große graue Wolf, in den Wald zu der Höhle, in der er gemeinsam mit Cinderella zwei Dutzend Welpen aufgezogen hatte. Der Druid-Leitwolf saß im Schnee und heulte. Sein tiefes Klagen erfüllte tagelang das Lamar Valley. In den Tagen nach dem Tod seiner Gefährtin heulte er mehr als in den fünf Jahren, in denen er mit ihr zusammengelebt hatte. Wenige Monate später war auch er tot. Irgendwann war er einfach fortgegangen und nicht mehr zurückgekommen. Sein Skelett wurde im Norden des Parks gefunden. Die Todesursache blieb unklar.

Später rekonstruierten die Biologen, was am Tag von Cinderellas Tod geschehen war. Vermutlich waren die Druids in der Nacht vor ihrem Tod auf den Bergkamm der Specimen Ridge gezogen, ins Territorium ihrer Erzfeinde, der Mollie-Wölfe. Diese Gruppe versuchte schon seit einiger Zeit, das Druid-Revier im Lamar Valley zu übernehmen. Vermutlich hatte Cinderella allein an einem Hirschkadaver gefressen, als sie von den Mollies überrascht und getötet wurde.

Nachdem wenig später auch der Leitwolf verschwunden war, herrschte Chaos in der Wolfsfamilie. Innerhalb weniger Monate hatten die Wölfe ihre Eltern und Leittiere verloren. Lange heulten sie. Suchten nach Spuren. Bis auch für sie das Leben wieder seinen Gang ging und sich ein neues Leitpaar fand.

Es berührt mich jedes Mal sehr, wenn ich sehe, wie Wölfe um verstorbene oder verschwundene Familienmitglieder trauern. Sie suchen, sind irritiert, teilweise aggressiv. Sie heulen klagend und ungewöhnlich lange. Besonders schlimm ist der Tod eines Elternpaares. Mit den Eltern stirbt auch die Erfahrung, die sie an ihren Nachwuchs weitergeben. Durch sie lernen sie, wie man jagt und überlebt. Sie sind Vorbild für ihre Jungen. Aber irgendwann müssen auch verwaiste Wolfskinder ihr Leben wieder in den Griff bekommen. Meist springen andere Familienmitglieder ein und versuchen, die Lücke zu füllen. Der hinterbliebenen Wolfsfamilie bleibt nicht viel Zeit zu trauern. Die Wölfe müssen jagen, fressen, sich fortpflanzen und um ihre Familie kümmern. Sie tun, was alle Lebewesen in der Natur tun: Sie zelebrieren das Hier und Jetzt.

Ich beneide sie um diese Fähigkeit und versuche, es ihnen nachzumachen. Aber viel zu oft mache ich mir Gedanken um die Zukunft (Wird das Geld reichen? Werde ich gesund bleiben?) oder denke an die Vergangenheit (Was wäre, wenn …? Wie hätte mein Leben ausgesehen, wenn ich mich in bestimmten Situationen anders entschieden hätte? Was hatte ich richtig, was falsch gemacht?). Solche Gedanken sind menschlich, aber unnütz. Im Hier und Jetzt leben. Einmal mehr nehme ich mir vor, daran zu arbeiten. Ich muss mir nur ein Beispiel an den Wölfen nehmen. Sie akzeptieren das Leben so, wie es ist.

Nach einer dreistündigen Wanderung hoch in die Berge erreichten wir Cinderellas letzten Aufenthaltsort. Hier wollten wir von ihr Abschied nehmen. Doug Smith, der Direktor des Wolfsprojektes, hatte für uns auf einer Karte die Fundstelle der Wölfin markiert. Den Körper des Tieres hatten die Biologen zur Untersuchung ins Labor mitgenommen. Im Grunde war ich ganz froh darüber, dass es keine Überreste gab. So konnte ich sie in Erinnerung behalten, wie ich sie zuletzt gesehen hatte. Sie starb an einem wunderschönen Ort. Grüne Hügel, ein kleiner Fluss und ein Postkartenblick über den Park. Ein guter Platz, um in die ewigen Jagdgründe zu gehen.

Wir setzten uns im Kreis zusammen und gedachten der Druid-Leitwölfin. Kathie aus Colorado hatte ihr ein Gedicht geschrieben, das sie vorlas. Brian hinterließ einen selbstgeschnitzten Wanderstock. Viele Jahre war er mit ihm durch Yellowstone gewandert. Ich ließ eine besonders schöne schwarz glänzende Rabenfeder für Cinderella zurück. Wir erzählten uns Geschichten von den beiden Druid-Wölfen. Wir alle hatten so viel mit ihnen erlebt. Wir weinten und lachten und nahmen Abschied. Als es schon dämmerte, machten wir uns still auf den Rückweg.

Ich fuhr zum Pebble Creek Campingplatz. Der Platz liegt neben einer großen Wiese, die in der Dämmerung oft von Elchen besucht wird. Ray und Darlene, die Campground Hosts, kannten meine Vorliebe für die Einsamkeit und hatten mir einen schönen Stellplatz an einem kleinen Fluss reserviert.

»Wir wissen, dass du gern deine Ruhe hast«, grinsten sie bei der Willkommensumarmung und freuten sich über die Schokolade, ich natürlich auch für sie mitgebracht hatte. Noch lange unterhielten wir uns am Lagerfeuer, bis die Flammen erloschen.

Sommernächte sind kurz. Besonders kurz sind sie für uns

Wolfsbeobachter. Am nächsten Morgen sollte der Vorbereitungskurs für das Wolf Base Camp stattfinden. Vorher wollte ich unbedingt noch im Lamar Valley nach den Druids sehen. Die Wölfe lagen eng zusammengerollt in der Nähe der Höhle. Sie schliefen. Als die Sonne aufging, machte ich mich auf den Weg nach Gardiner. Ein ordentliches amerikanisches Frühstück mit Eiern, Speck und Kaffee nonstop im Town Café ist ein Muss für einen Camper nach einer kalten Nacht.

Ich traf die anderen Teilnehmer in den Räumen der Yellowstone Association in Gardiner. Zwei Frauen und fünf Männer wollten mit ins Camp. In unserer bunt zusammengewürfelten Gruppe waren die Greenhorns in Sachen Wandererfahrung eindeutig in der Mehrzahl. Gemeinsam mit Angela Patnode und Dan Stahler wollten wir am nächsten Tag in die Tiefen der Hellroaring-Schlucht hinabsteigen und dort den Spuren der Wölfe folgen.

Die attraktive und drahtige Angela war Ausbilderin für Backcountry-Touren. Sie sollte uns beibringen, wie wir uns im Bärengebiet und abseits der Zivilisation bewegen mussten.

»Wir arbeiten hier nach dem Leave no Trace-Prinzip«, erklärte sie.

»Das bedeutet, dass wir möglichst keine Spuren hinterlassen, wenn wir in der Natur sind. Nehmt beispielsweise die Wanderpfade. Wenn es welche gibt, bleiben wir auf diesen Wegen und laufen hintereinander. Gibt es keine, verteilen wir uns, und jeder geht seinen eigenen Weg. Auf diese Weise treten wir das Gras nicht zu sehr herunter; es kann sich schneller wieder erholen.«

Wenn es nach Angela ging, wären wir wie die Störche durch die Landschaft gestakst und hätten möglichst keinen Grashalm zertreten. Weitere praktische Ausführungen würden noch folgen.

Dan war der leitende Biologe des Yellowstone Wolfsprojektes und sah so jung aus, dass man ihn glatt für einen seiner Studenten hätte halten können. Ihn sollten wir bei der Arbeit unterstützen. Seine Diplomarbeit hatte er über die Beziehung von Wölfen und Raben geschrieben. Es versprachen interessante Tage zu werden.

Zuerst stand Theorie auf dem Programm. Wir beschäftigten uns intensiv mit dem Studium von Landkarten und übten mit dem Kompass die Orientierung in der Wildnis. Angela führte uns in das ABC des Backpacking ein. Sie kontrollierte auch, ob unsere Rucksäcke ordentlich gepackt waren. Da wir alles selbst in das Studiengebiet hinein- und wieder herausschleppen mussten, flog bei den meisten Teilnehmern die Hälfte des Rucksackinhalts als »überflüssig« wieder raus.

Dann kam der lang erwartete Höhepunkt der Vorbereitung: das Bärentraining. Obwohl ich in Yellowstone schon gelegentlich Bären begegnet war (zum Glück immer ohne Probleme), war ich sehr froh über diese Lektion. Wir sahen das obligatorische Video, das jeder anschauen muss, der im Hinterland von Yellowstone übernachten will. Es zeigt die unterschiedlichen Verhaltensweisen von Bären bei einem Angriff. Angela erklärte uns, wie wir uns verhalten müssten.

»Vergesst, was ihr bisher gehört habt. Dass man bei einem Grizzly auf den Baum klettert und bei einem Schwarzbären davonrennt oder sonstigen Blödsinn. Man kann einem Bären grundsätzlich nicht davonrennen. Sie können schneller als ein Rennpferd laufen. Und auch Grizzlys können vorzüglich klettern.«

Am schwierigsten zu unterscheiden, aber lebenswichtig seien diese beiden Angriffsarten: ein Angriff zur Verteidigung oder ein Angriff als Beutefangverhalten. Im ersteren Fall würde der Bär nur seine Jungen verteidigen wollen.

»Probiert zuerst Folgendes«, demonstrierte Angela. »Bleibt ruhig stehen und redet mit dem Bären. Dabei zieht ihr euch langsam zurück. Wenn das nicht funktioniert und der Bär rennt auf euch zu, dann macht das …«

Sie warf sich auf den Bauch, hielt die Beine gespreizt und verschränkte die Hände im Nacken.

»Ihr müsst euch tot stellen.« Bei der weiteren Erklärung blieb uns das Kichern im Hals stecken.

»Wahrscheinlich wird der Bär versuchen, euch umzudrehen. Dann rollt euch wieder zurück auf den Bauch. Es kann sein, dass er in euren Rücken oder Kopf beißt und anfängt zu fressen. Rührt euch nicht! Bleibt unter allen Umständen wie tot liegen.« Irgendwann würde der Bär aufgeben. Gegen einen »toten« Angreifer müsse er seine Jungen oder seine Beute nicht verteidigen.

»Bleibt noch eine ganze Weile so liegen, bis ihr sicher seid, dass der Bär verschwunden ist. Dann macht euch so schnell wie möglich aus dem Staub.«

Als ob das nicht schon genug wäre, kam es jetzt noch dicker.

»Im zweiten Fall ist das genau die falsche Reaktion«, sprach Angela weiter.

»Wenn du merkst, dass die normalen Rückzugsmethoden nichts nützen und der Bär dir immer weiter folgt, betrachtet er dich offensichtlich als Futter. Dann nützt es dir auch nichts, dich tot zu stellen. Dann musst du dich mit allem, was du hast, gegen den Angreifer wehren.«

Na toll. Und wie unterschied ich jetzt den einen vom anderen Angriff?

»Ein Bär, der dich als Futter betrachtet, wird dir lange Zeit folgen. Er verhält sich wie ein Stalker. Selbst wenn du keine ›Bedrohung‹ mehr für ihn bist, geht er nicht fort.«

Zur Demonstration durften wir Bilder von Bärenopfern sehen. Einige Teilnehmer überlegten, ob sie die Tour vielleicht doch noch absagen sollten. Aber Angela kannte sich aus mit Psychotricks. Nach der Peitsche kam jetzt wieder das Zuckerbrot. Sie beruhigte uns.

»Zum Glück hat die Industrie als Abschreckmittel ein tolles Bärenspray erfunden.«

Dan hielt eine etwa zwanzig Zentimeter große Sprühdose hoch.

»Dieses Spray kann euer Lebensretter sein. Es enthält eine große Konzentration Cayennepfeffer und Tränengas. Aber ihr müsst den Bären sehr nah an euch rankommen lassen.«

»Neunzig Prozent aller Bärenangriffe sind Scheinangriffe«, fügte Dan hinzu.

»Ihr müsst die Nerven behalten und stehen bleiben. Normalerweise blufft der Bär. Er rast auf euch zu und dreht kurz vor euch ab.«

Nur – was wenn nicht?

»Wenn er nicht blufft, sondern angreift, benutzt ihr das Bärenspray«, beantwortete Angela die unausgesprochene Frage.

»Die Farbe des Sprays ist Orange. Ihr dürft nicht direkt auf das Gesicht des Bären zielen. Ihr müsst leicht nach unten zwischen euch und den Bären feuern«, erklärte die Fachfrau.

»Der farbige Nebel irritiert das Tier. Es sieht nichts mehr und hat natürlich höllische Schmerzen durch den Cayennepfeffer in der Nase. Damit ist der Bär erst einmal für eine Weile ausgeschaltet.«

Das Spray wurde am Gürtel getragen und sollte von nun an unser ständiger Begleiter sein. Wir durften uns nicht mehr von ihm trennen. Damit wir auch damit umgehen konnten, begann nun der unterhaltsame Teil der Übung. Wir lernten entsichern und zielen. Charlies Engel hätten alt ausgesehen gegen unsere Verrenkungen. Kichernd übernahm jeder einmal die Rolle des Bären und des Angreifers. Mit großem Getöse und Gebrülle liefen die »Bären« auf die Menschen zu. Diese brachten sich breitbeinig in Position und »feuerten«.

So lustig es auch aussah, sollten diese Spiele nicht darüber hinwegtäuschen, dass wir uns in Yellowstone im »Prime Grizzly Habitat« bewegten. Das bedeutete, dass man hier grundsätzlich nie allein wandert. Den besten Schutz boten immer noch Gruppen von mindestens drei bis vier Menschen.

Nach der Mittagspause konzentrierten wir uns wieder auf die bevorstehende Arbeit. Dan gab einen kurzen Überblick über unsere Aufgabe. Wir sollten die Geode-Wolfsfamilie beobachten und insbesondere Wolf 392 folgen. Der Rüde trug ein GPS-Halsband. Ich war mit konventionellen Halsbändern vertraut. Aber mit dem GPS-Halsband kannte ich mich noch nicht aus. Diese Technik war ebenso neu wie die »Summer Predation Study«, an der wir teilnahmen.

Bisher wurden die Studien zum Beutefangverhalten immer im Spätwinter durchgeführt. Im Schnee war es leichter zu erkennen, wo Wölfe ein Beutetier gerissen hatten. Hatten die Wölfe sich satt gefressen und waren verschwunden, wurde die Beute untersucht, um festzustellen, warum sie den Beutegreifern zum Opfer gefallen war. Auf diese Weise entdeckten die Forscher zum Beispiel, dass Wölfe – ganz im Gegensatz zu menschlichen Jägern – ältere Tiere töten und so die Hirschpopulationen gesund hielten.

Im Sommer war es bisher noch nicht möglich gewesen, solche Studien durchzuführen. Die Wölfe folgten ihren Beutetieren in höhere Gebiete. Sie teilten sich in kleinere Gruppen auf und wanderten über längere Strecken. Selbst aus der Luft gelang es kaum, sie mit konventioneller Technik zu orten. Mit den neuen Satellitenhalsbändern änderte sich das. Jetzt war es möglich, einem Wolf vom heimischen Computer aus per Mausklick zu folgen. Die Biologen hatten im Winter 2004 einen zweijährigen Rüden der Geode-Gruppe – Wolf Nummer 392 – mit der neuen Technik ausgestattet. Der Sender war so programmiert, dass er sich im Mai selbst aktivierte.

Dan wollte seinen Laptop mit ins Camp nehmen und jeden Tag die Daten des Wolfes abrufen. 392 hinterließ eine Spur von roten Punkten auf dem Monitor. Überall, wo er sich besonders lange oder oft aufgehalten hatte, häuften sich die Punkte (»Cluster«). Unsere Aufgabe war es, zu den Orten zu wandern, an denen sich der Wolf mindestens zwei Stunden lang aufgehalten hatte. Wir sollten dann herausfinden, was die Ursache für das lange Verweilen an diesem Ort war.

Die Lebensdauer eines GPS-Halsbandes ist deutlich kürzer (drei bis acht Monate) als die eines »normalen« Radiohalsbandes (fünf Jahre). Je öfter die Daten abgerufen werden, desto schneller ist die Batterie leer. Dann müssen die Halsbänder ersetzt werden. Da es sehr schwer ist, Wölfe einzufangen, kann das Halsband nun mittels Fernbedienung »abgesprengt« werden. Auf diese Weise kann man es wiederverwenden.

So weit unsere theoretische Einführung. Am nächsten Morgen würde der Theorie die Praxis folgen. Ich beeilte mich, zurück zu den Wölfen zu kommen. Im Lamar Valley zogen dicke Gewitterwolken auf. Der Regenguss, der folgte, versperrte jede Sicht. Mir blieb nichts anderes übrig, als mich ins Zelt zurückzuziehen und die Wolfssuche für diesen Tag zu beenden. Ich wollte ausgeschlafen zur Wanderung aufbrechen.

Am nächsten Morgen packte ich noch im Regen das Zelt in den Rucksack und machte mich auf den Weg zum Hellroaring Trailhead, wo die Wanderung beginnen sollte. Als alle eingetroffen waren, folgte die Fortsetzung von Angelas Leave no trace-Übung. Inoffiziell nannten wir das, was jetzt kam: »How to shit in the woods.« Angela zeigte uns, wie wir uns in den nächsten Tagen »entleeren« sollten: Loch graben, Zielen, Geschäft machen. Das Ergebnis mithilfe eines Stöckchens mit Erde vermischen und gründlich(!) umrühren (damit sich die Angelegenheit leichter zersetzt). Loch wieder zuschaufeln. Zum Schluss noch Tannennadeln drüberstreuen, um keine Spuren zu hinterlassen. Ach ja – statt Klopapier empfahl die Expertin »natürlichen« Ersatz, wie Gras oder Tannenzapfen.

»Aber Vorsicht! Diese immer in der richtigen Richtung benutzen, da sonst Verletzungsgefahr besteht.«

Wer nicht auf Toilettenpapier verzichten konnte, musste das benutzte Papier in einer Plastiktüte wieder mit nach Hause nehmen. Offensichtlich gab es ganz gemeine Kleintiere, deren Namen ich nicht behalten habe. Auf jeden Fall graben sie menschliche Hinterlassenschaften aus, fressen sie und verstreuen das Papier in alle Winde.

Wir lauschten mit einer Mischung aus Belustigung und Staunen. David, ein Autobauer aus Seattle, verkündete daraufhin, er habe beschlossen, erst wieder nach der Rückkehr von der Tour aufs Klo zu gehen. Ich habe leider nicht darauf geachtet, ob er tatsächlich so lange durchgehalten hat.

Gegen halb zehn waren wir bereit zum Abmarsch. Der Wanderweg zum Yellowstone-River führte durch ein felsiges Gebiet steil in die Tiefe. Nach einer Stunde verdunkelte sich der Himmel. Ein Hagel- und Gewittersturm brach über uns herein. Ohne Deckung kauerten wir uns auf den Boden. Die Rucksäcke als Schutz vor den Hagelkörnern über dem Kopf. Beim Anblick der zuckenden Blitze fiel mir Angelas Spruch beim gestrigen Bärentraining ein: »In Yellowstone werden mehr Menschen vom Blitz erschlagen als von Bären angegriffen.« Gestern hatte das noch beruhigend geklungen …

Der Sturm zog vorüber, und wir wanderten weiter – alle pudelnass. Über eine schmale, eiserne Hängebrücke überquerten wir den tosenden Yellowstone River. Der Weg führte am Fluss entlang und über eine weitere kleine Holzbrücke zum Basislager. Wir nutzten eine kurze Wolkenlücke, um schnell unsere Zelte aufzubauen, bevor es schon wieder zu regnen anfing.

Angelas mahnende Worte im Ohr, packten wir unsere Lebensmittel in Säcke und zogen sie mit einem Seil auf einen »Bärenbalken« zwischen zwei Bäumen. Dort thronten sie jetzt unerreichbar für Meister Petz. Oberste Vorsicht und Sauberkeit lautete die Devise im Grizzlygebiet.

Trotz müder Beine gönnten uns die beiden Chef-Antreiber keine Zeit zum Ausruhen. Wolf 392 wartete auf uns. Dan lud die ersten Daten auf seinen Laptop. Mit einem GPS-Peilgerät machten wir uns auf die Suche. Nach einigem Klettern fanden wir die etwa vier Tage alten Überreste eines toten Hirschkalbs. Auf einem Formblatt wurden der Fundort, das mutmaßliche Gewicht und das Geschlecht des Kalbs notiert. Wir sammelten Knochenreste ein, um sie später im Labor zu untersuchen und zur DNA-Analyse einzuschicken.

Als es wieder anfing zu regnen, kletterten wir zurück ins Camp. Unser Abendbrot nahmen wir im Regen stehend ein. Wegen der Bären konnten wir nicht im Zelt essen. Hundemüde verkroch ich mich in den kuscheligen Daunenschlafsack. Tausendmal hatte ich mich an diesem Tag gefragt, warum um alles in der Welt ich mir so etwas antat. Nun lag ich erschöpft im Zelt. Kaum ein Teil meiner Ausrüstung war noch trocken. Es gab keinen Muskel mehr in meinem Körper, der nicht schmerzte. Und doch war ich glücklich. Schlief tief und fest – mit der einen Hand umklammerte ich das Bärenspray und mit der anderen die Taschenlampe, falls ich in der Nacht doch noch einmal rausmusste.

Am nächsten Morgen regnete es noch immer. Aber die Arbeit musste trotzdem erledigt werden. Und zum Glück ändert sich das Wetter in den Bergen ziemlich schnell. Die Wolken machten ein paar Sonnenstrahlen Platz. Nach einem schnellen Frühstück brachen wir schon wieder auf. Außer den Frequenzen von Wolf 392 hatte Dan auch noch die Daten von fünfzig Hirschkälbern auf seinem Laptop – alle trugen einen Chip im Ohr. Fanden wir ein solches Tier tot auf, mussten wir es genau untersuchen und möglichst die Todesursache feststellen. Unser Wolf führte uns zunächst zu den relativ frischen Knochen eines erwachsenen Hirsches. Dan machte sich an die Arbeit und kramte allerlei Werkzeug aus seinem Rucksack.

»Zuerst ziehe ich dem Hirsch einen Zahn«, erklärte er. »Der wird im Labor in Scheiben gesägt und unter dem Mikroskop untersucht. Anhand der Ringe können wir das Alter des Tieres bestimmen. Genau wie die Jahresringe bei einem Baumstamm.«

Flink durchtrennte er dann mit der Säge den Oberschenkelknochen.

»Schaut hier das Knochenmark«, Dan zeigte auf die Schnittstelle »das ist das Letzte, was aufgebraucht wird, wenn ein Tier verhungert.« Unser Hirsch hatte noch Knochenmark. Er war also nicht verhungert.

»An den Gelenken lässt sich feststellen, ob er Arthrose hatte«, fuhr Dan mit seinen Erklärungen fort. »Und der Kieferknochen zeigt uns, ob er unter Zahnschmerzen litt. Hirsche bekommen oft Parodontose.«

»Es sind übrigens die großen Hirschbullen, die im Winter

als Erste den Wölfen zum Opfer fallen«, erzählte Dan. »Könnt ihr euch vorstellen, warum?«

Verständnisloses Schulterzucken. Jetzt kam Angelas Part. Die beiden spielten sich die Stichworte zu wie Tennisbälle.

»Die Jungs haben im Herbst so viel zu tun. In der Brunft müssen sie ihren Harem zusammensuchen und bewachen. Müssen ihre Mädels gegen die Konkurrenten verteidigen. Da haben sie keine Zeit zu fressen.«

»Und schließlich verausgaben sie sich bei der Paarung«, fuhr sie grinsend fort. »Während die Mädels entspannt im Gras liegen und fressen, sind ihre Männer rund um die Uhr beschäftigt. Darum gehen sie sehr geschwächt in den kalten Winter.«

Das System leuchtete mir ein. Mutter Natur hatte alles fein arrangiert. Die Männchen wurden nach der Zeugung schließlich nicht mehr gebraucht. Die Hirschkühe dagegen brauchten im Winter all ihre Kraft für das neue Leben, das in ihnen wuchs. Nach der Geburt kümmerten sie sich allein um den Nachwuchs. Die einzige Aufgabe der so stolzen Hirschbullen war es, ihre Gene möglichst großflächig zu verteilen.

»Wie im richtigen Leben«, kommentierte John aus Santa Fe trocken und hatte die Lacher auf seiner Seite.

Wir folgten weiter den Spuren unseres Wolfes. Endlich einmal hatte ich die Gelegenheit, das Hellroaring-Plateau zu erkunden. Hellroaring – die brüllende Hölle. Einer der ersten Pioniere in Yellowstone hatte dem Gebiet seinen Namen gegeben. Wahrscheinlich hörte sich im Frühjahr nach der Schneeschmelze das Tosen des kleinen Flusses wie ein Höllenfeuer an. Wir befanden uns jetzt auf einem Hochplateau weit über unserem Camp. Außer ein paar Wanderpfaden gab es weit und breit keine Wege; nur endlose Wiesen und Blumen. Die zahlreichen ausgebleichten Knochen und Geweihe gehörten als Teil dieser Natur dazu. Die satten Weiden zogen die großen Grasfresser an. Die Hänge des Hellroaring Mountain waren in allen Brauntönen gesprenkelt. Im dunklen Braun der Bisonherden und im helleren Braunbeige der Wapitis. In wenigen Wochen würde das Grün des Grases zu einem hellen Gelb vertrocknet sein. Jetzt war die Zeit der Grasfresser – aber auch der großen Beutegreifer. Sie mussten sich im Paradies wähnen. Überall fanden wir Spuren des jahrtausendealten Rituals von Jägern und Gejagten. Fellreste, Knochen, einen Bisonschädel.

Die Wölfe hatten so viel Platz und Nahrung in dieser straßenlosen Wildnis, warum blieben sie nicht das ganze Jahr über hier, wunderte ich mich. Warum gaben sie uns überhaupt die Ehre und ließen sich von der Straße aus beobachten?

Ganz sicher nicht, um uns eine Freude zu machen, sondern weil sie gerade im Winter im Hochtal des Lamar Valley noch ausreichend Beute finden. Wenn die anderen Gebiete von Yellowstone wegen der Schnee- und Eismassen den Grasfressern keine Nahrungsgrundlage mehr bieten, ziehen die Hirsche und Bisons in die Täler und werden dann ihrerseits zur Nahrung für die Wölfe.

Dan trieb uns an. Überall fanden wir nun Spuren von 392. Anhand der Daten sahen wir, dass er sich kurz zuvor hier aufgehalten haben musste. Sogar in einem kleinen Teich war er gewesen. Dort gab es jede Menge Frösche. Ich weiß, dass sich einige Wölfe in Kanada auf das Fangen von Lachsen spezialisiert haben. Bisher habe ich aber noch nie von fröschefressenden Wölfen gehört. Vermutlich hatte der Rüde nur ein erfrischendes Bad genommen.

Vor uns öffnete sich ein Tal, bedeckt von saftigen Wiesen.

»Kommt mal alle her«, rief Dan und zeigte uns ein paar kleinere Knochen.

»Das sind die Überreste von Wolf 294 M.«

»Woher weißt du das?«, fragte ich.

»Ich habe seinen Kadaver gefunden, nachdem das Halsband ein Tot-Signal abgegeben hat. Er hatte ein Loch unterhalb seiner Rippen. Vermutlich hat ihn ein Hirsch getötet.«

Ich kannte 294, hatte ihn öfter beobachtet. Er war nur vier Jahre alt geworden. In der Wildnis führen Wölfe ein hartes und gefährliches Leben. Viele von ihnen werden bei der Jagd verletzt oder sogar getötet. Die meisten Wölfe in der Wildnis haben eine Lebenserwartung von fünf bis sieben Jahren. Die Biologen kennen nur wenige Fälle, bei denen Wölfe älter als zehn Jahre wurden. Der bisher älteste Wolf im Yellowstone-Nationalpark wurde elf Jahre alt. Ein Wolf aus Idaho starb mit dreizehn.

Als wir ins Camp zurückkamen, war es schon spät. Wir machten uns Abendbrot – wieder einmal in strömendem Regen. Die Sommermonate sind mit ihren regelmäßigen Nachmittagsgewittern nicht die beste Jahreszeit für eine Wandertour. Als die Wolkendecke aufriss, setzten wir uns noch einmal zusammen, um über die Erlebnisse und Entdeckungen des Tages zu diskutieren. Ich vermisste ein wärmendes Lagerfeuer. Aber das ist im Sommer im Backcountry wegen der extremen Waldbrandgefahr strengstens verboten.

Nun hatten wir auch Zeit, Dan ausführlich über seine Studien zur Beziehung zwischen Wolf und Rabe zu befragen. Dan hatte dieses Fachgebiet bei Bernd Heinrich studiert, einem der führenden Rabenexperten weltweit. Wir hörten spannende Geschichten über einen faszinierenden Vogel. Raben sind ganz anders, als sie immer dargestellt werden. Sie sind sozial und paaren sich fürs Leben. An ihnen könnte sich mancher Zweibeiner ein Beispiel nehmen. Ich war überrascht, dass Raben in der Wildnis vierzig bis fünfzig Jahre und in Gefangenschaft bis zu achtzig Jahre alt werden können.

Dan imitierte die verschiedenen Rufe der Kolkraben und erklärte uns ihre Sprache. Ich hatte die großen, schwarzen Vögel schon immer gemocht. Einmal beobachtete ich ein Pärchen bei der gegenseitigen Körperpflege. Sie saßen auf einem Ast, eng beieinander, wie ein Liebespaar auf einer Parkbank. Mit zärtlichem »Klong, Klong« knabberten sie sich mit dem Schnabel gegenseitig ihr Gefieder. Die beiden so vertieft ineinander zu sehen, berührte mich auf eigenartige Weise. Vielleicht war es rein biologisch »nur« Körperpflege. Für mich drückte es Zuneigung aus, Liebe.

Wölfe und Raben haben eine erstaunliche Beziehung zueinander. Jede Wolfsfamilie hat ihre eigene Rabenfamilie. Sie kennen einander. Die Vögel nisten in der Nähe des Wolfsbaus. Von dem Moment an, an dem ein Welpe aus seiner Höhle klettert, hat er es mit Raben zu tun. Wölfe speichern den Geruch der Rabenfedern in ihrem Gedächtnis und erinnern sich immer an »ihre« Raben. Oft sind die schwarzen Vögel die ersten Spielkameraden der kleinen Wölfchen. Sie toben miteinander umher. Zu den Lieblingsbeschäftigungen der Raben gehört es, die Wölfe (auch die erwachsenen Tiere) am Schwanz zu ziehen oder genau kalkuliert vor ihrer Nase herumzuhüpfen. Sie gehen auch gemeinsam auf die Jagd. Raben zeigen den Wölfen an, wenn sie ein gerissenes Tier entdeckt haben, denn nur die Wölfe sind in der Lage, einen Kadaver zu öffnen, damit auch die Raben von der Beute fressen können. So profitieren beide Arten voneinander. Heute ist die Forschung schon so weit, dass sie in dem Verhältnis Wolf-Rabe mehr sieht als eine Symbiose auf bestimmte Zeit. Bernd Heinrich spricht von einer gemeinsamen evolutionären Geschichte.

Diese Zusammenhänge sind es auch, die für mich die Beobachtungen in Yellowstone so faszinierend machen. Hier kann ich die Tiere in ihrem natürlichen Umfeld beobachten und so – ganz anders als in Gefangenschaft – das *ganze* Bild begreifen. Hier verstehe ich die Zusammenhänge, weil ich mich in *ihre* Welt, die Welt der Tiere begebe.

Am nächsten Morgen fanden wir Pumaspuren bei den Zelten. Das Felsmassiv hinter dem Camp war die Heimat der Pumas – auch Berglöwen oder Cougars genannt. Etwa zwanzig Exemplare dieser scheuen Großkatzen gab es im Park. Es war Zeit für den Kurs: »Wie verhalte ich mich bei einem Puma-Angriff?« Angela war wieder in ihrem Element und fing mit der guten Nachricht an.

»In Yellowstone hat es bisher nur ganz wenige Angriffe von Pumas auf Menschen gegeben«, beruhigte sie uns. »Wir sollten allerdings zusammenbleiben, wenn das Tier so nahe ist.«

Bei einem Angriff sei es wichtig »Größe« zu zeigen. Körperliche Größe!

»Wenn ihr einen Puma seht, bleibt eng in der Gruppe zusammen. Macht euch größer. Wenn Kinder dabei sind, setzt sie auf eure Schultern. Macht Lärm. Beugt euch nicht herunter, um einen Stock aufzuheben. Verhaltet euch dominant. Starrt dem Puma in die Augen und zeigt eure Zähne. Damit könnt ihr ihn vertreiben.«

Aha. Der Miezekatze in die Augen starren und die Zähne fletschen. Irgendwo hatte ich einmal gelesen, dass man in Kanada Experimente mit Masken macht, auf die menschliche Gesichter gemalt sind. Da die Großkatzen angeblich nur von hinten angreifen, tragen Jogger und Wanderer in Pumagebieten diese Masken am Hinterkopf. Das soll die Katze verwirren. Da verließ ich mich doch lieber auf mein Pfefferspray. Aber ich machte mir auch keine allzu großen Sorgen. Ich wusste, wie scheu diese Berglöwen sind. Ich fuhr seit dreißig Jahren nach Yellowstone und hatte erst zweimal das Glück, einen Puma zu sehen.

Einmal, im Winter, wurde ich über Funk zum »Hellroaring Overlook« gerufen. Das ist eine kleine Parkbucht mit Blick über unser momentanes Forschungsgebiet.

»Komm schnell, wir haben was für dich«, funkten meine Freunde vom Wolfsprojekt.

Wir haben was für dich. Das magische Stichwort, dass irgendetwas »Spannendes« los ist. Innerhalb kürzester Zeit hatte sich herumgesprochen, was zu sehen war. Eine Pumamutter mit ihren drei Jungen! Das war eine Sensation. Ich schaffte es gerade noch, einen Parkplatz zu erwischen und mein Spektiv aufzustellen. Der Platz, von dem aus man durch die Bäume die Tiere sehen konnte, war eng. Wir wechselten uns ab. So konnte jeder einmal einen Blick auf die Berglöwen werfen. Die Wölfe hatten einen Riss liegen gelassen und waren weitergezogen. Die Pumamutter nutzte die Chance und fraß an dem Kadaver. Ihre Kleinen konnten noch nicht sehr alt sein. Ihr Fell hatte noch dunkle Babyflecken. Während wir die seltenen Tiere beobachteten, machten die Sheriffs vom Park Service das Geschäft ihres Lebens. Die Autos in der Parkbucht standen schon eng gedrängt in Dreierreihen. Die neu Hinzukommenden fanden keinen Platz mehr. Sie parkten verbotenerweise auf der Straße. Zwei Sheriffs waren ungewöhnlich schnell zur Stelle. Sie verteilten Strafzettel im Minutentakt – hundert Dollar pro Wagen. Fuhr ein Autofahrer fort, schob sich der nächste in die Lücke. Vielen war der Blick auf die Pumas hundert Dollar wert. Der Rubel rollte für den Yellowstone-Park.

Die Show ging weiter. Mama Puma war inzwischen verschwunden. Vermutlich zog sie den Kadaver an einen sicheren Ort. Die Kleinen blieben allein zurück.

»Die Wölfe kommen«, rief jemand aus der Menge. Und tatsächlich kehrten zwei Jungwölfe zurück. Blitzschnell kletterten die Kätzchen auf den Baum, die Wölfe dicht auf den Fersen. Normalerweise gehen sich Puma und Wolf aus dem Weg. Aber gelegentlich töten Wölfe auch einmal einen Berglöwen oder seine Jungen. Die unerfahrenen Jungwölfe sahen in den jungen Katzen aber eher ein Spielzeug. Sie sprangen am Baum hoch, während die Kleinen von oben herabfauchten und die Krallen ausfuhren. Schließlich verloren die Wölfe die Lust am Spiel und zogen davon. Ich riss mich von dem Anblick los und räumte meinen Parkplatz für einen glücklichen Touristen. Ich würde noch öfter die Gelegenheit haben, einen Puma zu sehen.

Im Wolf Camp übernachteten wir nun mitten unter Pumas, Grizzlys und Wölfen. Ich nahm mir vor, am Abend nichts mehr zu trinken, um in der Nacht nicht aus dem Zelt zu müssen. Allein die Ausrüstung, die ich würde mitschleppen müssen: Schippe, Beutel, Taschenlampe, Bärenspray – ich hatte einfach nicht genügend Hände.

Ich schlief durch. Keine nächtlichen Ausflüge. Der nächste Tag war wieder proppenvoll mit Clusters, Positionsbestimmungen, Kadaversuche, Knochen bestimmen und Kot sammeln. Wir kletterten auf einen Aussichtspunkt und suchten die Geode-Wölfe. Vergeblich. Am Abend erfuhren wir anhand des Datendownloads, dass sich 392 die meiste Zeit, in der wir nach ihm suchten, in der Nähe der Wurfhöhle aufgehalten hatte. Wahrscheinlich hatte er noch einen vollen Bauch gehabt und war entsprechend träge.

Ich genoss noch einmal die Landschaft und nahm sie mit allen Sinnen auf. Die Gruppe war ruhiger geworden. Jeder schien für sich bleiben zu wollen. Vielleicht lag es an der ungewohnten Anstrengung und der frischen Luft. Aber ich glaube, es war noch etwas anderes. Ich nenne es den »Wildnis-Effekt«. Die intensive Nähe zur Natur verändert alle, die sich längere Zeit in ihr aufhalten. Besonders wenn die Natur so allumfassend und überwältigend ist wie hier. Dazu noch die Nähe großer Beutegreifer, die uns wachsamer macht. Wer kann sich dieser Magie schon entziehen?

Der Aufstieg zum Trailhead verlief schweigsam. Jeder hing in den vier Stunden, während wir aus dem Tal kletterten, seinen Gedanken nach. Abschiedsstimmung lag in der Luft. Bei den Autos angekommen, tauschten wir E-Mail-Adressen aus. Dann trennten sich unsere Wege.

Ich wollte endlich mal wieder in einem Bett schlafen und mietete mich in einem kleinen Hotel in Gardiner ein. Die Ausrüstung trocknete im Zimmer, und ich feierte mit einer großen Pizza die Rückkehr in die Zivilisation. Müde und glücklich sank ich in einen tiefen, traumlosen Schlaf.

Am nächsten Tag zog ich mit dem inzwischen trockenen Zelt wieder zu Ray und Darlene nach Pebble Creek um. Die vertraute tägliche Wolfsbeobachtungsroutine bestimmte wieder meinen Alltag. Losfahren in der Dunkelheit. Wölfe beobachten. Am späten Vormittag zum Frühstücken fahren. Eine Runde schlafen. Am Nachmittag wieder zu den Wölfen. In der Dunkelheit nach Hause. Meist lag ich um elf Uhr abends im Bett und stand bereits um drei Uhr wieder auf.

Die Routine, das einfache, strukturierte Leben, die Wölfe und die Natur, die unglaubliche Schönheit der Landschaft von Yellowstone, die mich so oft in Staunen und Bewunderung versetzte – all dies erfüllte mich mit tiefem Glück und Dankbarkeit.

Die Wölfe hielten mich in Atem. Nun begann die Zeit, in der sie ihre Jungen aus den Wurfhöhlen zum Rendezvousplatz brachten. Meist in der Nacht, manchmal auch in der Morgen- oder Abenddämmerung packten sie die Kleinen am Genick, am Bauch oder manchmal auch an einem Bein und trugen sie den Berg hinunter, über die Straße, durch den Fluss an einen Ort, an dem sie sich die nächsten Wochen und Monate aufhalten würden. Wir nennen es das Rendezvousgebiet. Es ist quasi das Wohnzimmer der Wölfe. Hier bleiben die Kleinen, bewacht von einem der älteren Tiere als »Babysitter«, wenn die Alten zur Jagd aufbrechen. Auch ihre ersten kleineren Ausflüge unternehmen sie von hier aus.

Für uns Wolfsbeobachter ist das immer die spannendste und intensivste Zeit. Jetzt können wir herausfinden, wie viele Welpen tatsächlich geboren wurden und die ersten Wochen überlebt haben. Rick brauchte jetzt viele Helfer, um jede Ecke des Lamar Valley mit Beobachtern zu besetzen. Für das Wolfsprojekt waren wir besonders in dieser Zeit unentbehrlich.

Eines Morgens erhielt ich über Funk die Meldung, dass ein Grizzly auf dem Weg ins Rendezvousgebiet war. Die erwachsenen Wölfe waren schon vor längerer Zeit zur Jagd aufgebrochen. Nur ein Jährling passte auf die Welpen auf. Und tatsächlich – ein riesiger Grizzly schlenderte gemütlich durch das Tal und kam dabei den Welpen immer näher. Noch hatte er nicht gemerkt, in wessen Wohnzimmer er sich herumtrieb. Genüsslich schaufelte er Wildblumen in sich hinein und grub nach Wurzeln. Dann, wenige Meter von den Welpen entfernt, nahm er ihre Witterung auf und fing an zu suchen. Als er den Kleinen bedrohlich nahe kam, schossen urplötzlich aus dem Nichts drei erwachsene Wölfe hervor und stürzten sich auf den überraschten Riesen. Sie umkreisten ihn, schnappten nach seinen Hinterbeinen, während der Bär mit den Pranken nach ihnen schlug wie nach lästigen Fliegen. Wich der eine Wolf aus, biss ihn der andere. Der Grizzly drehte sich wütend brüllend und schlagend im Kreis. Schließlich wurde es ihm zu bunt, und er gab Fersengeld. Selten habe ich einen Bären so schnell rennen sehen – allerdings nur ein kurzes Stück. Dann legten sich die drei Wölfe zu den Welpen, während der Grizzly gemütlich weiterfraß, als ob nichts geschehen war. Faszinierend, die Reaktion der Wölfe. Sie hätten ihr Leben für ihren Nachwuchs gegeben. Aber als die unmittelbare Gefahr gebannt war, entspannten sie sich und spielten wieder mit den Kleinen – stets mit einem wachsamen Seitenblick auf Meister Petz. Dieses ruhige und souveräne Verhalten in einer Gefahrensituation gab den Welpen Sicherheit.

Ich beobachtete den Grizzly noch eine Weile. Der Arme kam nicht zur Ruhe. Kurze Zeit später ärgerte ihn ein Kojote, der ihn angriff und in den Allerwertesten biss. Auch er hatte Welpen, die er verteidigen musste. Ich sah die Sprechblase vor mir, die ein Cartoon-Zeichner dem Grizzly wohl ins Maul gelegt hätte: »Kann man hier nicht mal in Ruhe fressen?«

An einem der nächsten Tage gaben uns die Kojoten und zwei Wanderer noch ein unfreiwilliges und sehr unterhaltsames Schauspiel.

Ein schwarzer Druid-Jährling hielt sich im Rendezvousgebiet auf. Die Eltern waren auf der Jagd, die Geschwister mussten babysitten. Dem jungen Schnösel wurde es offensichtlich langweilig. Er suchte Spielpartner. Erst stöberte er einen Dachs auf, der sich zum Fangspielen animieren ließ. Beide jagten sich ein wenig hin und her, bis das Wölfchen die Lust verlor und nach einer neuen Beschäftigung suchte.

Der unternehmungslustige Kleine lief durch das Tal, durchschwamm einen Fluss und versuchte, die Straße zu überqueren. Die vielen Autos schreckten ihn jedoch ab. Also wieder zurück und weiter nach Abwechslung gesucht. Dabei näherte er sich einem Hügel, auf dem ein Touristenpärchen saß und picknickte. Sie hatten keine Ahnung von dem Wolf, der auf dem Weg zu ihnen war. Etwa zweihundert Meter unter ihnen liefen zwei Wanderer, die jetzt den Jungwolf entdeckten und versuchten, sich an ihn heranzuschleichen. Der Kleine war neugierig. Er beobachtete die Wanderer, hielt aber Abstand. Offensichtlich war er so sehr damit beschäftigt, auf die merkwürdigen Zweibeiner zu achten, dass er, ohne es zu bemerken, in die Nähe einer Kojotenhöhle geriet. Urplötzlich schossen zwei Kojoten auf ihn zu und trieben den Wolf in vollem Lauf von ihrem Bau fort. Ich konnte noch sehen, wie einer der Kojoten in den Schwanz des Wolfes biss. Dann rasten alle über den Hügel – hinter den Wanderern vorbei – und verschwanden. Das picknickende Pärchen hatte von all dem nichts mitbekommen. Die beiden hatten keine Ahnung, dass etwa zwei Kilometer entfernt mindestens dreißig Ferngläser und Spektive auf sie gerichtet waren.

In meiner letzten Nacht auf dem Pebble Creek Campground gab es noch einmal Bärenalarm. Ich wachte durch laute Schreie auf.

»Aufstehn! Raus hier! Ein Bär!«

Der Griff zum Bärenspray und zur Taschenlampe waren eins. Vorsichtig öffnete ich das Zelt. Menschen rannten aufgeregt umher. Einige Zelte lagen zerstört auf dem Boden. Ray und Darlene leuchteten mit großen Scheinwerfern alles aus.

»Was ist los?«, fragte ich verschlafen.

»Domy!«, sagte Ray und zwinkerte mir zu.

Ich wusste Bescheid. Domy, ein alter Bekannter, hatte uns wieder seine Aufwartung gemacht. Der Schwarzbär war wegen seiner Vorliebe für Kuppelzelte (dome tents) berühmt geworden. Er hatte noch nie jemandem etwas getan. Aber er liebte es, sich auf die Zelte zu werfen. Nur auf die Kuppelzelte. Alle anderen ließ er stehen. Warum, war uns schleierhaft. Vielleicht mochte er das »Pffff …«, das ein solches Zelt macht, wenn es kollabiert. Domy scherte sich nicht um die Zeltbewohner. Er schmiss sich drauf, stand auf und zog weiter zum nächsten Zelt.

»Ein Bär hat sich auf uns geworfen«, erzählten Camper mit bleichen Gesichtern.

Nachdem Domy alle Kuppelzelte plattgemacht hatte, war er wieder verschwunden. Die Ranger würden am nächsten Tag kommen und versuchen, ihn einzufangen. Dann würden sie ihn in ein entlegenes Gebiet fahren und dort freilassen. In einigen Wochen würde Domy wieder zu seinem Lieblingsspielplatz zurückfinden. Das ging schon seit Jahren so. Ich fürchte nur, dass die Ranger eines Tages das Spiel nicht mehr mitmachen und Domy in die ewigen Bärenjagdgründe schicken werden.

An Schlaf war in dieser Nacht nicht mehr zu denken, denn es gab außerdem noch Grizzly-Alarm. Ray und Darlene riefen alle Camper zusammen und instruierten sie.

»Ein Grizzly ist auf dem Weg zum Zeltplatz. Kontrolliert noch mal eure Zelte und achtet darauf, dass kein Essen drin ist«, warnten sie »noch nicht mal ein Kaugummi oder eine Cola.«

Obwohl überall an den Parkeingängen Zettel mit den Hinweisen zum Verhalten im Bärengebiet verteilt werden, machen sich viele Besucher keine Gedanken über die Gefahren. Nur zu oft bleibt Abfall liegen. Jeder kleinste Essensrest zieht Tiere an. Bären, Kojoten, kleine Eichhörnchen. Sie alle fressen vom Menschenfutter. Gewöhnen sie sich dann daran, können sie zur Plage oder auch zur Gefahr werden. Am Ende steht eine Gewehrkugel. Ein gefüttertes Tier ist ein totes Tier.

Ich machte mir keine Gedanken mehr um den Grizzly, sondern baute noch in der Dunkelheit mein Zelt ab, verabschiedete mich von meinen Freunden und genoss einen letzten Sonnenaufgang im Lamar Valley. Auf einem Felsen hoch über dem Zusammenfluss von Soda Butte und Lamar River schaute ich noch einmal über das Tal und dankte den Wölfen, dass sie mich an ihrem Leben teilhaben ließen. Der Aufenthalt hier, die Stille und die Ruhe hatten mich wieder Kraft tanken lassen.

»Bis bald«, rief ich ihnen leise zu und machte mich auf den langen Weg nach Salt Lake City.

Einige Wochen später erhielt ich eine E-Mail von Dan Stahler mit dem Ergebnis der Sommerstudie: Wölfe fressen während der Sommermonate tatsächlich weniger. Sie töten etwa fünfundzwanzig Prozent weniger Beutetiere als im Winter. Außerdem ernährten sich Wölfe im Sommer nicht ausschließlich von Hirschkälbern. Im Gegenteil, sie fressen sie meist nur, wenn es keine andere Beute gibt. Das war eine sehr wichtige Erkenntnis, mit der niemand gerechnet hatte. Das Ergebnis gab den Biologen Argumente gegen die Jäger in die Hand, die behaupteten, dass Wölfe hauptsächlich Hirschkälber fressen und so die Population dezimieren. Wir hatten mit unserer Arbeit einen weiteren Mythos über den »bösen Räuber« entkräften können.

MIT WÖLFEN LEBEN

Im September 1993 wollte ich mich nach einem hektischen Sommerjob als Reiseleiterin wieder einmal in die Stille und Einsamkeit des Yellowstone-Nationalparks zurückziehen. Ich brauchte Ruhe und hatte außerdem vor, einen Bericht für das »Wolf Magazin« über die geplante Wiederansiedlung der Wölfe zu schreiben. Schon im Flugzeug nach Billings hatte ich ein mulmiges Gefühl. Offensichtlich war gerade Jagdsaison in Montana, denn überall saßen Männer in grünbrauner Tarnkleidung und unterhielten sich über ihre geplanten Abschüsse.

Eigentlich hatte ich im Auto auf einem Campingplatz übernachten wollen. Aber da fast alle Campgrounds von Jägern besetzt waren, mietete ich mich in einem heruntergekommenen Motel in Silver Gate ein. Die Zimmer waren kalt, schmutzig und ungemütlich. Vor vielen Türen standen Pickups mit toten Hirschen auf der Ladefläche. Zu müde, um mir noch weiter Gedanken zu machen, warf ich den Schlafsack als zusätzliche Decke über das Bett und schlief sofort ein.

Am nächsten Morgen, als ich meine Sachen ins Auto lud, brauste der Besitzer des Motels auf einem Quad heran.

»Hi«, begrüßte er mich.

»Du bist aus Deutschland?« Er hatte meine Anmeldung gesehen. »Zum ersten Mal hier?«

»Nein. Ich komme öfter.«

»Oh, gut. Zum Jagen?«

Irgendetwas warnte mich davor, ihm den eigentlichen Grund meines Aufenthaltes zu verraten. Trotzdem wollte ich erfahren, was er über eine mögliche Rückkehr der Wölfe dachte.

»Sightseeing. Geysire und so«, antwortete ich. »Ich habe

gehört, dass hier wieder Wölfe herkommen sollen …«, arbeitete ich mich weiter vor.

Der Mann vor mir explodierte, ähnlich einem Geysir, der zu lange unter Druck gestanden hat.

»Diese verfluchten Wölfe. Sie zerstören alles, töten alles. In ein paar Jahren gibt es hier kein Wild mehr«, tobte er. »Ich komme aus Alaska. Ich kenne Wölfe. Sie töten um des Tötens willen. Sie sind hochintelligente Tiere, aber sie gehören nicht hierher. Trotzdem hat der Park Service schon heimlich Wölfe ausgesetzt. Sieben Wölfe waren hier ganz in der Nähe von Silver Gate. Wir haben fünf davon erschossen, und den sechsten hab ich da hinterm Haus erwischt. Jetzt ist nur noch einer übrig. Aber den kriegen wir im Winter auch noch.«

Ich war überrascht, dass es hier schon Wölfe geben sollte, denn eigentlich galten sie seit siebzig Jahren als ausgestorben. Aber dann erinnerte ich mich an die letzte Wolfskonferenz in Edmonton und an das umstrittene Video von dem Wolf in Yellowstone.

»Darf man denn Wölfe schießen?«, wagte ich zu fragen.

»Nee, aber wir tun's trotzdem. Wir schießen jeden Wolf, den wir sehen. Wir wollen keine Wölfe hier. Die Umweltleute, die Studierten, wollen die Tiere schützen. Aber die haben keine Ahnung. Die leben nicht hier. Die kommen nur für zwei Wochen hierher in ihre luxuriösen Ferienhäuser und verschwinden dann wieder, wenn es kalt wird. Leben in Kalifornien oder an der Ostküste und fressen Blumen. Die haben keine Ahnung von dem Leben hier. Wir kennen das Wild und wollen es vor den Wölfen beschützen. Darum kommt hier kein Wolf rein.«

Die Hasstirade ging weiter.

»Wenn ihr unbedingt Wölfe wollt, dann holt sie doch zu euch nach Deutschland, nach München oder in den Schwarzwald. Euer Hitler war ein toller Kerl. Der wusste, was zu tun war. Wir könnten hier auch einen Hitler gebrauchen. Man kann Wölfe nur noch mit dem Flugzeug jagen, weil sie zu schlau sind. Und das geht hier nicht. Dann vermehren sie sich, und wir haben fünfhundert Wölfe im Park und kein Wild mehr. Was dann?«

Er erwartete keine Antwort und fuhr fort: »Wenn das Wild weg ist, töten sie unsere Rinder und Schafe. Und dann? Nee, keine Wölfe hier! Ich habe schon alle Tierarten erschossen und viele Menschen. War in allen Kriegen. Ich knall auch die Wölfe ab.« Mit diesen Worten ließ mich der ehemalige Air-Force-Colonel stehen und brauste aufgebracht mit seinem Fahrzeug davon. Ich blieb tief erschüttert zurück. So viel Wut. Das machte mir Angst. Würden Wölfe hier jemals überleben können?

Ich konnte seinen Ärger nachvollziehen. Aber wie sollte ich ihm erklären, dass Studien in anderen Ländern bewiesen haben, dass Wölfe keine Hirschpopulationen ausrotten und sich auch nicht unbegrenzt vermehren können, sondern sich stattdessen selbst regulieren. Nimmt bei zu vielen Wölfen die Beutetierpopulation ab, werden weniger Welpen geboren, und entsprechend können sich die Beutetiere wieder erholen. Dass es außerdem gegen Wolfsangriffe auf Rinder oder Schafe gute Schutzmaßnahmen, beispielsweise durch Herdenschutzhunde und Elektrozäune, gibt, das haben uns die süd- und südosteuropäischen Länder vorgemacht, die schon seit vielen Generationen mit Wölfen zusammenleben. Argumente hätte es also genug gegeben, um mein wütendes Gegenüber zu überzeugen. Nur schien mir dies sinnlos. Er wollte keine Wölfe in seiner Nähe haben. Punktum.

Drei Jahre und vier Monate später kehrten die ersten Wölfe ganz offiziell nach Yellowstone zurück. Den Colonel habe ich nie wieder gesehen. Sein Motel steht seit vielen Jahren leer und verfällt langsam.

Wer sich für so ein umstrittenes Tier wie den Wolf einsetzt, wird es auch immer wieder mit Gegnern zu tun bekommen. Der unverhohlene Hass auf die Wölfe und ihre Befürworter machten mir anfangs große Probleme. Mit persönlichen Feindseligkeiten konnte ich nie gut umgehen.

Dann erinnerte ich mich an das Gespräch mit Renée Askins in Jackson. Ich bemühte mich zuzuhören und verstand mit der Zeit, dass der Zorn der Wolfsgegner sich nicht gegen mich richtete. Er richtete sich noch nicht einmal gegen die Wölfe direkt. Oft diente er nur als Vorwand. Es ging um sehr viel mehr. Um grundsätzliche politische Ansichten. Um Macht über Land und Tiere. Um Respekt und Achtung. Die Menschen, die seit Generationen auf ihrem Land lebten, wollten sich von »den Studierten von der Ostküste« nicht sagen lassen, wie sie leben sollten.

Manchmal waren hinter der Wut auch die Hilflosigkeit zu spüren und der Ärger, weil die eigenen Gewohnheiten und das eigene Weltbild infrage gestellt wurden. Viehzüchter haben es schon schwer genug. Sie arbeiten hart, um trotz sinkender Fleischpreise, hoher Steuern und langer Dürreperioden zu überleben. Jetzt schrieb ihnen auch noch die Regierung vor, welche Tiere sie auf ihrem Land dulden mussten. Ob Wölfe oder Fleckenkauz, geschützte Tiere sind für sie das Sinnbild des Unkontrollierbaren.

Ich sprach mit Jeff, dem Besitzer einer kleinen Ranch im Paradise Valley, einem Tal nördlich des Yellowstone-Parks. Jeff hatte diese Ranch von seinem Vater und der wiederum von dessen Vater übernommen.

»Wir lieben unsere Tiere und kümmern uns um unser Land. Wir treiben unsere Rinder von Weide zu Weide, damit sich das Gras wieder erholen kann. Mit den Weidegebühren und den Steuern, die wir dem Staat zahlen, kommen wir gerade so über die Runden. Und dann passiert so etwas ...«

Er zeigte mir das Foto eines neugeborenen Kälbchens, das von einem Kojoten gerissen worden war.

»Ein anderes Kalb musste ich erschießen. Es war zu schwer verletzt.«

»Ich hänge an den Tieren«, sagte Jeff mit Tränen in den Augen. »Für andere mögen es ›nur‹ Kühe sein. Für mich sind es Familienmitglieder. Meine kleine Tochter hat das verletzte Kalb gefunden und konnte sich gar nicht mehr beruhigen.«

»Und das waren nur Kojoten. Kannst du dir vorstellen, was passiert, wenn hier Wölfe sind?«

Ich verstand ihn. Auch ich wäre wütend, wenn Kojoten oder Wölfe meine Tiere töten würden.

»Es sind doch nur Nutztiere. Viehzüchter bekommen doch eh Entschädigung. Wölfe sind schließlich vom Aussterben bedroht.« Dies und mehr höre ich von vermeintlichen Tierschützern und wundere mich, mit welcher Kälte manche von ihnen über die Gefühle der »anderen« hinwegwalzen. Kann ich tatsächlich mit zweierlei Maß messen? Dieses Tier hat einen höheren Stellenwert, weil es »besser/wertvoller« ist?

Manchmal würde es uns guttun, einmal zu versuchen, in den Schuhen des anderen zu laufen. Wer sich intensiv und leidenschaftlich für etwas einsetzt, neigt dazu, mit Scheuklappen herumzulaufen und nur seine Interessen zu sehen. Das ist normal. Sonst könnte er sich nicht so auf sein Ziel konzentrieren. Aber es wäre durchaus hilfreich, sich einmal in andere Menschen hineinzuversetzen und zu versuchen, sie zu verstehen.

Diskussionen über den Naturschutz sind stets ideologisch gefärbt. Man streitet nicht über konkrete Gefahren. Im Wesentlichen geht es um die Frage der Naturbeherrschung durch den Menschen und um die Definition unserer Beziehung zu Tieren.

Ich diskutiere seit vielen Jahren mit Wolfsgegnern. Stelle mich bei Vorträgen und Lesungen immer wieder ihren Fragen. In den ersten Jahren, in denen ich im Wolfsschutz arbeitete, wollte ich noch jeden von der Notwendigkeit der Wölfe überzeugen. Die Menschen *mussten* doch einfach einsehen, wie wichtig die Tiere waren. Und dass sie keine Gefahr sind. Ich habe rational und mit wissenschaftlichen Fakten argumentiert. Ich war die Gute, die Wolfsschützerin, sie die Schwachen, Ängstlichen, die Wolfsgegner. Dass ich mit dieser Einstellung keine Überzeugungsarbeit leisten konnte, lernte ich schnell.

Und ich lernte zuzuhören. Die Ängste und Sorgen der

Menschen ernst zu nehmen. Wenn mir in Deutschland eine Frau, die im Wolfsgebiet lebt, sagt: »Ich habe Angst, meine Kinder draußen spielen zu lassen«, oder wenn ein Mann mich anspricht: »Seit die Wölfe da sind, traue ich mich mit dem Hund nicht mehr in den Wald«, dann muss ich verstehen, dass diese Angst real ist, auch wenn sie wissenschaftlich unbegründet sein mag. Ich muss mich den Gefühlen der Menschen, die von der Anwesenheit der Wölfe betroffen sind, stellen.

Sehr oft schicken mir Tierschützer Arthur Schopenhauers Spruch »Seitdem ich die Menschen kenne, liebe ich die Tiere«. Ich mag diesen Spruch nicht. Ich empfinde ihn als menschenverachtend. Wie kann ich mich von ganzem Herzen für Tiere einsetzen und gleichzeitig die Empfindungen von Menschen missachten?

Überall, wo die Wölfe zurückkommen, müssen die Menschen lernen, mit ihnen zu leben. Manche waren überrascht von der Erfahrung, die sie machten.

»Ich habe damit gerechnet, dass sie alle meine Rinder töten«, erzählte mir ein Viehzüchter in Wyoming. »Aber das war gar nicht so. Kürzlich habe ich gesehen, wie vier Wölfe mitten durch meine Herde gelaufen sind. Weiter hinten in den Bergen haben sie dann Hirsche gejagt!«

»Ich achte jetzt mehr auf das Verhalten meiner Rinder. Wenn sie eng zusammengedrängt stehen, unruhig sind oder fortrennen, ist das ein Warnsignal. Ich suche auch nach verletzten Tieren. Schon meine bloße Anwesenheit auf der Weide schreckt die Wölfe zurück. Außerdem gibt es genügend andere Beutetiere in der Nähe.«

Früher ließen Rinderzüchter totgeborene Kälber oder Fehlgeburten auf der Weide liegen. Das zog dann die Raubtiere an. Heute werden die Kadaver entsorgt.

»Das ist die einfachste Methode, Bären und Wölfe fernzuhalten.«

Die meisten Nutztierhalter haben gelernt, umzudenken. Viele setzen inzwischen auch Hunde oder sogar Lamas zum

Schutz ihrer Herden ein, so wie Becky Weed, die eine Ranch in der Nähe von Bozeman hat.

An einem kalten Frühlingsmorgen machte ich mich bei minus fünfzehn Grad auf den Weg zur Thirteen Mile Ranch am Fuße der Bridger Mountains.

»Schau auf deinen Tacho«, hatte mir Becky am Telefon geraten, als ich mich nach dem Weg erkundigte. »Unsere Ranch liegt dreizehn Meilen hinter der Stadtgrenze von Bozeman – daher der Name!«

Und prompt fand ich nach exakt dreizehn Meilen auch die Einfahrt zur Ranch. Becky und ihr Lebensgefährte Dave Tyler standen in der Tür ihres Holzhauses. Sie hatten mich kommen hören.

»Komm rein«, luden sie mich ein und drückten mir eine Tasse Kaffee in die Hand. Ihr Bordercollie Taiga wedelte mit dem Schwanz, blieb aber vor dem prasselnden Holzofen liegen.

Meinen Besuch bei den Weeds verdankte ich eigentlich der Kälte – und dem warmen Pullover, den ich mir dagegen gekauft hatte. Dieser Pullover ist aus »predator friendly wool« gestrickt, also aus »Beutegreifer-freundlicher« Wolle. Auf dem eingenähten Artikelschild wird erläutert, dass die Hersteller auf ihrem Land keine Beutegreifer töten. Das hatte mich neugierig gemacht.

Fallen, Zäune, Gift. Die Viehzüchter in Montana haben schon alles versucht, um Raubtiere von ihren Rindern oder Schafen fernzuhalten. Meine beiden Gastgeber aber töten keine Wölfe oder Kojoten auf ihrem Land – und hatten dennoch kaum Verluste. Ihr Geheimnis? Cyrus und Sam, zwei Lamas, wachten über ihre Herde.

»Wir mögen Wölfe und Kojoten, außerdem war es ihr Land, bevor wir hierherkamen«, erzählte Becky. »Darum haben wir uns überlegt, wie wir sie schützen können.« Zuerst haben es die beiden mit Herdenschutzhunden versucht. »Wir hatten zuerst Maremmas und später Owtcharkas.« Die Hunde haben nicht gut gearbeitet.

»Sie hatten Angst vor Wölfen und liefen weg, wenn sich einer näherte. Ich glaube, uns fehlen hier gute europäische Arbeitsrassen«, mutmaßte Dave.

Als Nächstes sollten Esel die Schafe verteidigen. »Dies hat auch ganz gut geklappt«, erzählte Becky. »Die Esel haben die Herde verteidigt, aber sie blieben nicht bei den Schafen. Gelegentlich sprangen sie über den Zaun und waren auf und davon. Außerdem waren sie sehr sensibel. Wenn die Schafe unruhig wurden, irritierte das die Esel; manchmal traten sie nach den Schafen.«

Freunde hatten ihnen schließlich Lamas empfohlen. Ein voller Erfolg. Jedes Lama betreute jetzt eine Herde Schafe.

»Komm. Ich zeig dir unsere beiden.« Becky nahm mich mit zur Weide. Die Schafe lagen entspannt im Schnee oder fraßen das Gras dort, wo die Sonne es freigelegt hatte. Cyrus lag mitten zwischen den Schafen. Als wir an den Zaun traten, hob er seinen langen Hals und drehte die Ohren in unsere Richtung. Der braun-weiß gefleckte Sam stand auf und kam ein paar Schritte auf uns zu. Seine sanften braunen Augen unter immens langen Wimpern musterten mich neugierig. Beide Tiere stammten von einem Züchter, der auf Herdenschutz-Lamas spezialisiert ist und die Jungtiere mit Schafen aufwachsen lässt.

Die Versuchung, die Tiere zu streicheln, war groß. Aber Becky warnte, dass die Lamas nur wenig Kontakt zu Menschen haben durften, um sich auf ihre Arbeit zu konzentrieren. Ihr Vorteil ist, dass sie sehr wachsam sind, aber – im Gegensatz zu manchem Herdenschutzhund – keine Menschen angreifen.

»Es sind äußert genügsame Tiere, die kein Extrafutter benötigen«, erklärte Becky.

Durch ihre bloße Anwesenheit und ihr ungewohntes Aussehen schrecken die Lamas Wölfe, Kojoten und Bären ab. Mit einem auf der Farm lebenden Kojotenrudel schienen sich Cyrus und Sam arrangiert zu haben. »Unsere Lamas haben eine Art gegenseitige Übereinkunft mit den Kojoten«, sagte

Becky. »Die Kojoten wissen, was Sache ist, und ich glaube, sie verstehen, dass wir ihnen nichts Böses wollen. Wir haben sie sogar recht gern hier, weil sie Wühlmäuse jagen.«

Kojoten sind die Beutegreifer, die auf den Farmen am meisten Schaden anrichten können. Alle Versuche der Regierung, sie auszurotten, führen nur dazu, dass sich die Tiere besser anpassen und stärker vermehren. Wildbiologen sind der Auffassung, dass sich die Zahlen und das Jagdverhalten der Kojoten am ehesten stabilisieren, wenn sie in Ruhe gelassen werden.

Dies konnte auch Becky bestätigen. Auf dem Grundstück der Nachbarn lebte jahrelang ein Kojotenpärchen neben den Schafen. Sie fraßen nur Mäuse und andere kleine Nager, aber keine Schafe oder Lämmer.

Als die Farm verkauft wurde, erschossen die neuen Besitzer die Kojoten. Sie wollten keine Raubtiere auf ihrem Land haben. Innerhalb kürzester Zeit aber kamen neue Kojoten auf die Farm und begannen sofort, Schafe zu töten.

Becky zeigte auf einen kleines, hellbraunes Tier am Fuße der Bergkette hinter der Weide.

»Dort sind unsere Kojoten. Sie sind hier zu Hause. Sie begnügen sich mit der Jagd auf Wühlmäuse, Maulwürfe und Erdhörnchen und lassen die Schafe in Ruhe. Wir sind froh, dass wir sie haben.«

Wir gingen zurück in das kleine Farmhaus. Dave legte ein paar Holzscheite auf das Feuer und goss mir frischen Kaffee ein, während Becky aus der Küche Pullover, Mützen und Schals hervorzauberte. Sie alle hatten eine breite helle Bordüre am unteren Rand, in die dunkle, rennende Wölfe eingestrickt waren. Die Artikel aus »Beutegreifer-freundlicher« Schafswolle wurden in den Souvenirgeschäften im und um den Yellowstone-Nationalpark verkauft. Sogar Arbeitsplätze schufen Dave und Becky mit ihrem Kleinunternehmen.

»Unsere Pullover werden hier in Bozeman von einheimischen Frauen handgestrickt, die Knöpfe stammen vom Holz auf unserer Farm. Das alles macht sie zwar etwas teurer, aber unsere Kunden zahlen diesen Preis gern.«

Auch ich kaufte mir noch einen der warmen Pullover – für hundertfünfzig Dollar, gutes Gewissen inklusive.

Der fürsorgliche Dave hatte uns inzwischen einen Stapel Sandwiches gemacht, was endlich auch Taiga hinter dem Ofen hervorlockte.

Dave schob mir ein Stück Papier über den Tisch zu. Es war das »Predator Friendly Wool and Meat«-Zertifikat, das besagte, dass sich die Farmer verpflichteten, auf ihrem Land keine Beutegreifer zu töten, ihre Tiere artgerecht zu halten und natürlich und ohne zusätzliche chemische Mittel zu füttern.

Das Fleisch von Beckys Schafen wird inzwischen auf verschiedenen Fleischmärkten im Land und auch im Internet wegen seiner Qualität und seines guten Geschmacks zu Höchstpreisen verkauft.

»Unser Produkt wird nicht unbedingt gekauft, weil es biologisch und artgerecht produziert wurde. Die Menschen kaufen dieses Fleisch überwiegend, weil es einzigartig genug ist, um aus dem normalen Fleischmarkt herauszuragen«, freuen sich die beiden.

Aber nicht alle waren von Beckys Tierhaltungsmethoden begeistert. Farmer, die Beutegreifer auf ihrem Land leben lassen, sind den traditionellen Viehzüchtern ein Dorn im Auge. Becky und Dave bekamen Drohanrufe und wurden von der Industrie unter Druck gesetzt. Aber sie gaben nicht auf. Inzwischen erzielen ihre Wollpreise auf dem Markt deutlich höhere Preise als die konventionelle Ware.

Als Becky und Dave die alte Ranch kauften, betraten sie Neuland. Sie stammten beide nicht aus Farmerfamilien. Becky hatte in Harvard Geologie studiert und stammte aus Maine. Dave hatte einen Doktortitel als Ingenieur. Der Akademiker mit Bart und Brille lehrte an der Universität von Maine. Beide interessierten sich für die Landwirtschaft, wussten jedoch nur wenig darüber.

»Als wir das heruntergekommene Farmhaus kauften, hatten wir einen Traum«, erzählt Dave. »Es war nicht leicht. Wir mussten eine Menge lernen und lernen immer noch dazu. Wir arbeiten achtzig bis hundert Stunden in der Woche sehr hart. Im Sommer helfen uns Studenten aus.«

Anfangs betrieben die beiden eine konventionelle Schafszucht und verkauften ihre Lämmer auf Auktionen. Von den niedrigen Preisen frustriert, begannen sie, ihr Fleisch direkt zu vermarkten. Dann hörten sie von einer Gruppe Schafzüchter, die ein neues Konzept mit dem Label »Beutegreiferfreundlich« starten wollten. Da wussten sie, dass sie ihre Bestimmung gefunden hatten.

»Diese Form der Schafzucht ist kein hundertprozentiger Schutz gegen Verluste, aber sie zahlt sich langsam aus, nicht nur zu unserem Vorteil, sondern zum Vorteil der Umwelt, der Natur. Außerdem«, fügt Becky mit einem Augenzwinkern hinzu, »genießen wir es, weil es auch eine intellektuelle Herausforderung ist.«

Inspiriert von der Begegnung, verließ ich die Thirteen Mile Ranch, um nach Bozeman zurückzufahren. Die beiden Akademiker hatten mit der Schafzucht ein völlig neues Leben begonnen. Dabei waren sie ungewöhnliche Wege gegangen und hatten etwas Wundervolles geschaffen. »Beutegreifer-freundliche Wolle/Fleisch« half nicht nur, Wölfe und Bären zu retten, es gab den Menschen, die es kauften, auch das Gefühl, etwas Gutes zu tun.

»Haben Sie keine Angst vor den Wölfen?«

Diese Frage wird mir immer wieder gestellt.

»Nein. Ich habe keine Angst vor Wölfen.«

»Auch nicht, wenn die Hunger haben? Oder wenn sie Junge bei sich haben?«

»Auch dann nicht.«

Ich hatte noch nie Angst vor Wölfen. Ich weiß, dass die Wölfe viel mehr Angst vor mir haben. Wenn ein Wolf in meine Nähe kommt, empfinde ich immer ein ehrfürchtiges Staunen. Und auch eine leise Trauer, weil ich weiß, dass es nicht gut ist für ihn, wenn *er* keine Angst vor *mir* hat.

Seit vielen Jahren halte ich mich in Wildnisgebieten auf. Einen Winter lang lebte ich an der kanadischen Grenze in einer Blockhütte mitten im Wolfsterritorium. Fast jede Nacht hörte ich die Wölfe heulen und fand am Morgen danach ihre Spuren im Schnee in der Nähe meiner Cabin. Wenn das Nordlicht besonders schön war, schlief ich in meinem warmen Schlafsack im Freien, begleitet vom nahen Gesang der Wölfe.

Angst habe ich dabei nie gehabt. Im Gegenteil, sosehr ich mir auch wünschte, einen Wolf zu sehen, ich bekam den scheuen Beutegreifer kaum zu Gesicht. Nur ganz selten einmal, in hellen Vollmondnächten, sah ich einige dunkle Schatten über den zugefrorenen See huschen.

Eines Morgens fand ich auf einer Schneeschuhwanderung einen frisch getöteten Hirsch. Er war bereits aufgerissen. Die Innereien dampften noch warm in der Kälte. Im Schnee sah ich viele Wolfsspuren. Ich musste die Wölfe also aufgescheucht haben. Ich war allein, und da waren mindestens fünf große, hungrige Wölfe, die mich mit Leichtigkeit hätten töten können, wenn sie es gewollt hätten. Warum waren sie also fortgelaufen, statt mich anzugreifen und ihre Beute zu verteidigen? Einen Bären hätte ich nicht so leicht verjagen können.

Können Wölfe eine echte Bedrohung für Menschen sein? Haben sie jemals Menschen angegriffen? Es ist eine uralte Frage, beladen mit Aberglauben und Ängsten.

Unzählige Fachleute beteuern immer wieder leidenschaftlich, dass die Raubtiere dem Menschen nicht gefährlich werden können. Selbst in entlegensten Gebieten, in denen Wölfe nur sehr wenigen Menschen begegnen, scheinen sie instinktiv zu wissen, dass man die Zweibeiner besser in Ruhe lässt. Dass sie übermächtige Kreaturen sind, die auf sichere Distanz gemieden oder toleriert werden müssen.

Dennoch gibt es immer wieder Vorfälle, bei denen wilde Wölfe Menschen angreifen. Fast immer sind sie vorher gefüttert worden. Am 19. Mai 2009 wurde in der Nähe des Old Faithful Geysirs ein einjähriger Wolfsrüde von Parkbeamten getötet. Das Tier hatte mehrmals Menschen auf Fahrrädern und Motorrädern gejagt und wurde als »Gefahr« eingestuft. Der Wolf war ein neugieriges Jungtier aus der Gibbon-Meadow-Wolfsfamilie. Zuerst näherte er sich im März Touristen im Midway Geysir Basin. Dann tauchte er am Old Faithful, einem der berühmtesten Geysire des Parks, auf. Er suchte immer wieder die Nähe von Menschen oder Autos. Bei einem normalerweise sehr scheuen Tier ist das ein Zeichen dafür, dass es gefüttert worden ist. Park Ranger versuchten vergeblich, den Wolf mit Feuerwerkskörpern und Gummikugeln fortzujagen. Er kehrte immer wieder zurück. Dann entschloss sich die Parkverwaltung, ihn zu töten.

Der Aufschrei in der Wolfsgemeinde war groß. Drohbriefe und Hassmails trafen ein. Aber Schuld am Tod des Wolfes waren nicht die Ranger. Schuld waren die, die ihn gefüttert hatten. Die ihn zu nahe an sich herankommen ließen, ohne ihn fortzujagen. Gerade Jungtiere lernen sehr schnell, wenn sie für ihre Forschheit auch noch belohnt werden.

Es hätte schlimmer ausgehen können. Der Wolf hätte einen Menschen vom Fahrrad reißen können, selbst ohne ihn groß zu verletzen. Ich sah die Schlagzeilen in den Sensationsblättern schon vor mir: »Yellowstone-Wolf frisst Touristen«. Das hätte das Aus für das ganze Wolfsprogramm bedeuten können.

Jetzt wollte ich es genau wissen. Wie sollte ich mich verhalten, wenn ich einem Wolf begegne, der auf mich zukommt? Ich traf Rick in Little America. Dieses Tal liegt zwischen den beiden Hochplateaus Buffalo Plateau und Specimen Ridge. Es wird so genannt, weil einst ein kleiner See dort lag, der die Umrisse von Amerika hatte. Heute ist der See längst der anhaltenden Dürre zum Opfer gefallen. Little America ist ein beliebtes Wolfsrevier, das oft von mehreren Wolfsgruppen frequentiert wird. Rick saß auf seinem kleinen Schemel und scannte mit seinem Spektiv das Gelände. Es war einer der wenigen Momente, an denen er nicht von Menschen umringt war. Nur meine Freunde Carol und Mark aus Colorado, die wieder mal ein paar Tage in ihrem Haus in Silver Gate verbrachten, waren noch bei ihm. Rick McIntyre war ein wenig wie die Wölfe – er hatte immer neue überraschende Seiten. Was mich am meisten verblüffte, war sein ungeheures Wissen über alles, was in der Welt vor sich ging. Da verbrachte dieser Mann den ganzen Tag damit, auf der Suche nach Wölfen durch den Nationalpark zu fahren. Abends in seinem kleinen Blockhaus übertrug er seine Aufzeichnungen in den Computer. Wann um alles in der Welt hatte er noch Zeit, sich mit anderen Dingen zu beschäftigen?

Jetzt stand er vor mir und überraschte mich mit Fragen zu Sophie Scholl und der Weißen Rose. Er hatte gerade etwas über die Widerstandsbewegung im Dritten Reich gelesen und wollte nun mehr darüber wissen. Ich fürchtete diese Momente, die oft so überraschend kamen, dass ich bei seinen Bildungsfragen nach Weimarer Verfassung, Mittelalter, Luther oder Wiedervereinigung meist passen musste. Ich kam nicht hinter Ricks Geheimnis. Entweder las er noch die ganze Nacht, oder er schaute sich Dokumentationen an. Auf jeden Fall war er stets über alles informiert.

Bevor er mich noch weiteren Geschichtstests unterziehen konnte, stellte ich meine Frage nach den Wölfen:

»In den Hinweisen des Park Service steht, dass wir uns keinen Wölfen nähern dürfen. Auch ist es verboten, Tiere zu verscheuchen. Was aber, wenn ich nun irgendwo stehe, und ein Wolf kommt auf mich zu, eventuell mit eindeutiger Bettelabsicht?«

»Wenn ein Wolf sich dir neugierig nähert oder eindeutig versucht zu betteln, dann kannst du ihn anschreien und in die Hände klatschen. Hau ab, Wolf!«, demonstrierte Rick und fügte mit einem schelmischen Grinsen hinzu:

»Am besten sprichst du Deutsch mit ihm. Eure harte Aussprache wird ihn gleich verschrecken.«

So viel zum Humor des obersten Wolfsbiologen.

Ich hatte mehrere Male nahe Begegnungen mit Wölfen in Yellowstone. Und jeder dieser Momente war reine Magie.

An einem frühen Frühlingsmorgen, als die Straße von Mammoth Hot Springs zum Old Faithful zum ersten Mal schneefrei und für den Verkehr freigegeben worden war, fuhr ich zum Norris Geysir Becken. Ich liebe die Zeit, in der ich noch ganz allein bin und meinen Gedanken nachhängen kann. Norris gehört zu meinen Lieblingsgeysiren. Hier fühle ich mich ganz dicht am »Bauch« von Mutter Erde. Die Erdkruste ist in diesem Gebiet nur fünf Kilometer dick (normal sind etwa fünfzig Kilometer). Yellowstone ist ein schlafender Supervulkan. Das Land hat eine ganz besondere Kraft, weil in ihm die unbegrenzten Möglichkeiten der Natur lebendig sind. Norris ist der heißeste Ort im Park – aus Feuer und Eis geformt. Manchmal geschehen hier Dinge sehr langsam – gemessen an geologischen Zeiten – und manchmal blitzschnell. Ein Ort, an dem die Schöpfung kein Ende nimmt.

Ich saß auf einem Baumstamm inmitten von gluckernden, brodelnden, zischenden heißen Quellen. Zwischen kalten Schneefeldern atmeten Flüsse und Bäche riesige Dampfwolken aus. Warme Ströme, die in einer arktischen Umgebung irgendwie deplatziert wirkten. Die Sonne tat sich schwer, einen Weg zu den von Mineralien gefärbten roten und blauen Wasserströmen zu finden. In der Ferne hörte ich ein helles Yippen, Quietschen, Fiepen, Kreischen. Es schwang sich hoch und verwandelte sich in ein helles Lachen, das Trällern einer Operndiva. Kojoten! Meine wilden Freunde. Sie sangen ihr Morgenlied. Ihr Gebet an die Sonne.

Hinter mir – ganz nah – die Antwort. Tiefer. Ruhiger. Länger. Aus kräftiger Kehle. In Zeitlupe drehte ich mich um. Ein hellgrauer Wolf stand nur etwa fünf Meter entfernt und schaute mich an. Am aufgestellten Kranz seiner Nackenhaare konnte ich erkennen, dass es ein noch junges Tier war. Die Ohren waren nach vorn gerichtet. Der Schwanz auf halber Höhe zeigte Unsicherheit. Ich hatte die Kamera direkt neben mir liegen, verzichtete aber darauf, nach ihr zu greifen. Das hätte den Zauber zerstört. Ich hielt den Atem an. Mein Herzschlag dröhnte laut in meinen Ohren. Wir schauten uns an.

Gelbe Augen tauchten in blaue Augen ein. Sekunden. Minuten. Ein Stück Ewigkeit. Dann flog neben mir ein Vogel auf und erschreckte mich. Der Wolf machte einen Satz nach hinten, drehte um und rannte davon. Noch lange saß ich da und versuchte, das Unbegreifliche zu begreifen.

Ich hatte den Wolf nicht fortgejagt – und auch nicht deutsch mit ihm gesprochen. Um nichts in der Welt hätte ich den Wimpernschlag der Ewigkeit durch mein Verhalten zerstören wollen. Ich war nur dankbar, diesen Augenblick erleben zu dürfen.

DIE VERLORENE UNSCHULD DER HIRSCHE

Der Fleischberg tauchte aus dem Nichts direkt vor dem Auto auf und riss mich aus meinen Tagträumen. Ich trat auf die Bremse und war schon mitten in einem Bisonstau. Mist! Gerade heute hatte ich es eilig. Es gibt Tage, da klappt gar nichts. In der Nacht hatte ein gewaltiger Sturm für einen Blackout in meiner Cabin gesorgt. Kein Strom, kein Internet. Nichts Ungewöhnliches hier in der Wildnis, wo sich die Stromleitungen von Ast zu Ast schwingen wie Lianen im Urwald. Ich hatte noch schnell einen Artikel an eine Zeitschrift mailen wollen, doch nun hing ich fest. Hoffentlich war er nicht im digitalen Nirwana verschwunden. Kaffee konnte ich mir auch keinen kochen. Also ließ ich das Frühstück ausfallen und machte mich schlecht gelaunt auf den Weg ins Lamar Valley. Vor mir fuhr langsam ein Auto mit Touristen. Dann tauchten die Bisons auf. Eine Herde von etwa dreißig Tieren schlenderte gemächlich die Straße entlang. Gelegentlich gab es eine Lücke. Aber statt sie zu nutzen, um ein Stück vorwärtszukommen, kurbelten die Insassen vor mir das Autofenster herunter und fotografierten wie wild. Vermutlich wussten sie nicht, wie man einen solchen Bisonstau am besten durchfährt. Ein Ranger hatte mir einmal verraten: »Stoßstange an Stoßstange. Du musst eins werden mit deinem Vordermann und Hintermann. Wenn du den Bisons den kleinsten Millimeter Platz zwischen den Autos lässt, drängen sie sich hinein, und du musst dich weiter in Geduld üben.«

Geduld war genau das, was ich heute Morgen am wenigsten hatte. Ich atmete mehrmals tief durch, zählte langsam bis zehn und ergab mich meinem Schicksal. Es gab Schlimmeres, als in Yellowstone im Bisonstau zu stehen. Ich gehöre zu den Menschen, die eigentlich immer in der falschen (sprich: längsten) Schlange stehen, ob im Supermarkt oder am Bankschalter. Wieso hatte ich es nur so eilig? Nichts lief mir davon, schon gar nicht die Wölfe. Ich konzentrierte mich auf die Bisons, die so dicht an meinem offenen Autofenster vorbeizogen, dass ich sie hätte berühren können. Sanfte, dunkle Augen in schokoladenbraunem Fell musterten mich. Für ihre Größe waren sie erstaunlich leise. Nur ein gelegentliches Schnauben und das Klacken der kleinen Hufe auf dem Asphalt waren zu hören. Als sie nach vierzig langen Minuten die Straße freigaben, war meine Ungeduld angesichts ihrer Ruhe und Gelassenheit verpufft. Ganz gemütlich trödelte ich nun den üblichen Weg von Parkbucht zu Parkbucht, um nach Wölfen Ausschau zu halten.

Als ich das Soda Butte Valley erreichte, verringerte ich meine Geschwindigkeit noch mehr. Meine »Junggesellen« standen neben der Straße. So nannte ich die kleine Gruppe kräftiger Wapitihirsche, die sich regelmäßig im Tal versammelten. Sie sahen mich näher kommen. Die Lauscher aufgestellt. Schwer das große Geweih, das sie bald abstoßen würden. Langes, dunkles Nackenhaar, das sich jetzt im Spätwinter um den Hals bis unter das Kinn erstreckte wie der Bart eines Amish. Ihr Blick war ruhig, hatte aber nicht das Starren einer Kuh. Als ich langsam an sie heranfuhr, warfen sie den langen Hals nach hinten. Die Bewegung erinnerte mich an ein junges Mädchen, das sein langes Haar zurückwirft. Dem Hals folgten der Brustkorb und die Vorderbeine. Die Hinterbeine blieben stehen und lösten sich erst aus der Pirouette, als der Hirsch schon fast eine Drehung von einhundertsechzig Grad vollführt hatte. Der Schnee stob auf, als sie davontrabten. Ich schaute ihnen nach. Vor fünfzehn Jahren waren sie noch nicht davongelaufen. Waren stehen geblieben und hatten weiter mit den Hufen den Schnee fortgescharrt, um dann gelassen zu grasen. Jetzt verhielten sie sich wachsamer. Mit der Rückkehr der Wölfe hatte sich auch das Leben ihrer Beutetiere verändert.

Ich fuhr weiter. Als leidenschaftliche Frühaufsteherin war ich meist die Erste im Park – selbstverständlich erst nach

Rick. Der Soda Butte im gleichnamigen Tal stank vor sich hin. Der austretende Kalk der heißen Quelle hatte einen Kegel gebildet. Jetzt ruhte sie, verströmte aber weiterhin ihren Schwefelgeruch.

Ich hielt in der kleinen Parkbucht und schaute zum Nordhang der Straße. Hier hatten die Druids jahrelang ihr Höhlengebiet gehabt und ihre Jungen aufgezogen. Weiter ging die Fahrt. Ich ließ alle anderen Parkbuchten liegen, an denen ich sonst Ausschau nach den Wölfen hielt. Es versprach ein klarer, sonniger Tag zu werden. Darum fuhr ich zielstrebig zu meinem Lieblingsplatz in der Nähe des Zusammenflusses von Soda Butte Creek und Lamar River. Ich stellte das Auto am Straßenrand ab und packte meine Ausrüstung in den Rucksack: kleine Isomatte, Handschuhe, Mütze, Sonnenbrille, Fotoapparat und mein Tagebuch. An den Gürtel hängte ich das Funkgerät und das Bärenspray. Ich begann den langen Aufstieg zu meinem Aussichtspunkt. Noch war es eisig kalt. Erst wenn die Sonne hinter dem Mount Norris hervorkam, würde es wärmer werden. Auf dem Berg angekommen, machte ich es mir gemütlich und entspannte mich. Hier oben konnte ich sowohl ins Lamar Valley nach Westen als auch ins Soda Butte Valley nach Osten schauen. Weit hinten im Süden lag Cache Creek, ein Tal, in dem sich die Druid-Wölfe oft aufhielten.

Vor dreißig Jahren war das Gebiet, das jetzt vor mir lag, noch eine versteppende Landschaft gewesen. Die Büsche an den Flussufern wuchsen nicht über eine Höhe von einem Meter hinaus. Die Hirsche gaben dem frischen Grün im Frühjahr keine Chance. Keine Büsche, das hieß, es gab auch keinen Schatten und keine Vögel.

Das war nicht immer so. Wenn ich mir alte Bilder von Yellowstone anschaue, dann sehe ich noch reichlich Bäume und Vögel. Was war geschehen?

Die Hirsche waren geschehen. In Yellowstone lebte einst die am meisten verwöhnte Population wilder Grasfresser des Planeten. Fast ein Jahrhundert lang konnten sich die großen Wapitihirsche munter vermehren, weil ihre natürlichen Feinde wie Wolf und Bär ausgerottet worden waren. Nur extreme Wetterverhältnisse regulierten ihre Zahl. Innerhalb kürzester Zeit explodierte die Hirschpopulation in Yellowstone. Um herauszufinden, wie sich das Land ohne Hirsche entwickeln würde, zog man einen Zaun um einzelne Areale. Dort kann man heute noch sehen, wie in Gebieten, zu denen die Hirsche keinen Zugang haben, die Bäume wachsen. Um der Grasfresser Herr zu werden, führte die Parkverwaltung großangelegte Hirschjagden ein. Jedes Jahr musste die Quote erhöht werden, weil sich die Tiere stark vermehrten. Beutegreifer wie Wolf und Bär hielt man immer noch für »nicht notwendig«, ja sogar für »überflüssig«. Erste Kritik wurde laut. Es musste eine bessere Lösung geben. Es war Präsident Nixon, der 1973 das erste Artenschutzgesetz Amerikas unterzeichnete – mit dem Wolf als einer der ersten Tierarten, die unter Schutz gestellt wurden. Es sollte jedoch noch zweiundzwanzig Jahre dauern, bis nach siebzig Jahren Abwesenheit die ersten Wölfe wieder den Boden von Yellowstone betraten. Zu diesem Zeitpunkt hatte die Hirschpopulation mit 35 000 Tieren schon längst ihr Limit erreicht.

Nun begann eine neue Ära in Amerikas ältestem Nationalpark. Die Wölfe füllten sofort wieder die Lücke, die seit dem Abschuss des letzten Wolfes 1926 geklafft hatte. Von da an war nichts mehr, wie es war – oder besser gesagt, es wurde wieder so, wie es einst gewesen war.

Für die Hirsche war es nun vorbei mit der Gemütlichkeit und dem satten, zufriedenen Leben. Anfangs konnten sie wenig mit den neuen Beutegreifern anfangen. Ich erinnere mich noch sehr gut an die ersten Jahre. Meist blieben die Hirsche unbeeindruckt stehen, wenn die Wölfe auf der Suche nach Nahrung durch das Tal zogen. Viele blickten noch nicht einmal hoch.

»Hey – da laufen Wölfe!«, wollte ich rufen. »Wölfe fressen Hirsche! Wisst ihr das nicht?«

Sie lernten schnell. Heute sind sie wachsamer.

Von meinem Beobachtungspunkt aus bemerkte ich eine Bewegung. Ich legte mein Notizbuch zur Seite und stand auf. Durch das Fernglas sah ich eine Hirschkuh im Gebüsch stehen. Sie hatte mit dem Fressen aufgehört und starrte konzentriert und sehr aufmerksam auf etwas, das sich auf sie zu bewegte: Wölfe! Ich wechselte vom Fernglas zum Spektiv, um die Szene zu verfolgen.

Vor meinen Augen entwickelte sich der Millionen Jahre alte »Tanz des Todes« zwischen Wolf und Hirsch. Ein sorgfältig choreografiertes Ritual zwischen Angreifer und Beute. Eine Reihe vorhersehbarer Aktionen (Suchen, Annähern, Beobachten, Angreifen, Töten). Selbst die Schritte der Hirschkuh waren vorhersehbar und zeigten mir, was als Nächstes passieren würde.

Es gibt verschiedene »Tänze« eines Hirschs, die dem Wolf und dem erfahrenen Beobachter zeigen, in welcher Verfassung das Tier ist. Ein gesunder, starker Hirsch hält den Kopf hoch erhoben und leicht zurückgeworfen. So hat er einen besseren Rundumblick. Mit einem leichten, etwas übertrieben wirkenden Trott sieht er aus wie Fred Astaire, der durch den Regen steppt. Andere zeigen durch ein steifes Hochspringen mit allen vier Beinen, ähnlich wie Cheerleader, ihre Stärke. Ein fast provozierendes »Du kriegst mich nicht«.

Die Wölfe können schon anhand des »Tanzes« der Hirsche sehen, wie groß ihre Chancen sind, die Beute zu erlegen. Oft bleiben die Hirsche nach der kleinen Demonstration ihrer Stärke stehen und stellen sich den Wölfen. Diese flüchten dann meist vor den scharfkantigen Hufen und ziehen sich zurück.

Die Hirschkuh, die ich jetzt beobachtete, fiel in vollen Galopp. Dabei hatte sie den Kopf weit nach vorn gestreckt. Ich zählte fünf Wölfe, die ihr nachsetzten. Normalerweise kann ein gesunder Hirsch mit seiner großen Schrittlänge einem Wolf entkommen. Aber das hier war kein gesundes Tier. Schnell erreichten die Wölfe ihre Beute. Liefen an ihrer Seite. Sprangen nach den Flanken und dem Hals. Das Tier schüttelte sie ab.

Trat mit den Vorderhufen und traf einen der Wölfe. Der rollte durch den Schnee, rappelte sich auf und setzte die Jagd fort. Die Wölfe hingen an ihrer Beute wie Kugeln an einem Weihnachtsbaum. Die Hirschkuh stolperte und fiel, zwei Wölfe an der Kehle, einen am Bauch und zwei an den Hinterbeinen. Noch einmal versuchte sie aufzustehen. Dann fiel sie endgültig hin.

Rick untersuchte später den Kadaver. Die Hirschkuh hatte Arthrose an den Knöcheln, die stark angeschwollen waren. Sie musste große Schmerzen gehabt haben.

Während ich beobachtete, wie die Wölfe ihre Beute aufrissen und tief in sie eintauchten, um sich die besten Teile zu sichern, dachte ich an ein altes russisches Sprichwort: »Wo der Wolf jagt, wächst der Wald.« In Yellowstone hatte es sich bewahrheitet. Natürlich konnten Wölfe niemals so viele Hirsche fressen, um einen direkten Einfluss auf das Wachstum der Pflanzen zu haben. Aber aus der Sicht der Hirsche waren die Flusstäler zu einer Art »Todesfalle« geworden. Vorbei die Zeiten, in denen sie in aller Ruhe herumschlendern und die Baumspitzen abknabbern konnten. Sie mussten aufpassen, was um sie herum geschah. Patrouillierende Wölfe überwachten ihren reichlich gedeckten Tisch. Eine »Ökologie der Angst« war entstanden, die die Landschaft veränderte. Die Hirsche zogen sich auf offene Flächen zurück, die ihnen einen besseren Überblick boten. Büsche wuchsen zu Bäumen heran. Singvögel kamen zurück und bauten ihre Nester in den Bäumen. Der Schatten, der auf die Flüsse fiel, kühlte diese ab und machte sie sauerstoffreicher. Das wiederum gab einigen Forellenarten eine neue Heimat.

Und noch ein Tier war mit den Wölfen zurückgekommen: der Biber. Im nördlichen Teil von Yellowstone galten die großen Nager als ausgestorben. Sie verschwanden mit den großen Beutegreifern. Als die Wölfe zurückkamen, folgten ihnen die Biber. Sie sorgten für das Entstehen neuer Feuchtgebiete, die wiederum Amphibien und Insekten eine Heimat boten.

Ich beobachtete das Geschehen im Tal. Wie wenig wissen

wir doch von den Zusammenhängen in der Natur. Wenn wegen einer seltenen Fledermausart eine Autobahn verlegt werden muss, dann geschieht das zu Recht. Wenn Menschen sich an jahrhundertealte Bäumen ketten, um zu verhindern, dass sie gefällt werden, dann verneige ich mich vor ihnen. Denn es geht nicht »nur« um eine Tier- oder Pflanzenart. Es geht um viel mehr. Jede einzelne dieser alten und geschützten Arten ist Teil eines Ganzen – ebenso wie auch wir Teil eines Ganzen sind. Verändern wir das eine, zieht es zwangsläufig auch Veränderungen des anderen nach sich. Immer mehr wird mir bewusst, dass unsere Erde ein einziger großer lebender Organismus ist, zu dem auch wir gehören.

Wenn Wölfe in eine Landschaft zurückkommen, aus der sie einst verschwunden waren, dann bedeutet das nicht nur: »Die Wölfe sind da und fressen ein paar Hirsche.« Nein, mit ihrer Rückkehr verändert sich *alles*.

Vom Hirsch zum Grizzly, vom Nagetier zum Greifvogel. Vom Wald zu den Flüssen. In Yellowstone wurde durch die Rückkehr der Wölfe das ökologische Kartenspiel neu gemischt.

So reduzierten die Wölfe in den ersten zwei Jahren die Kojotenpopulation um die Hälfte. Sie betrachteten sie als Nahrungskonkurrenten und töteten sie. Weniger Kojoten bedeuteten wiederum mehr kleine Nager, Wühlmäuse und Erdhörnchen für andere Beutegreifer wie Füchse, Habichte, Eulen, Marder und Dachse. Deren Populationen konnten sich nun vermehren.

Auch die Bären lernten sehr schnell die Rückkehr der Wölfe zu schätzen. Sie folgten ihnen und nahmen ihnen die Beute ab. Weil die Wölfe für ausreichendes Protein sorgten, kamen immer mehr Bären frühzeitig aus ihrer Winterruhe. Rotes Fleisch ist eine unglaublich reichhaltige Quelle von Nährstoffen und Energie.

Die Hirschkuh, die jetzt tot vor mir in der Ebene lag, ernährte nicht nur die Wölfe, sondern auch zahlreiche andere Tiere. Nichts wurde verschwendet. Innerhalb der nächsten

Stunden trafen sechs Kojoten, zwei Weißkopfseeadler, ein Steinadler und schließlich ein Grizzlybär am Mittagstisch ein. Zahlreiche Raben und Elstern zankten sich um die kleineren Brocken.

Wenn in ein paar Tagen, Wochen und Monaten nichts mehr von der Hirschkuh übrig war, außer ein paar ausgebleichten Knochen, würde der Boden an der Stelle, an der das Tier gelegen hatte, einhundert bis sechshundert Prozent mehr anorganischen Stickstoff, Phosphor und Kalium enthalten als die Umgebung. Manche Tierarten, wie beispielsweise Elche, fressen gern stickstoffreiche Pflanzen. Der Urin und Kot der Tiere, die diese Pflanzen fressen, trägt noch mehr zur Fruchtbarkeit der Erde bei. Auch wachsen an diesen Stellen mehr Bakterien und Pilze.

Den Wölfen beim Fressen zuzuschauen hatte auch mich hungrig gemacht. Es war Zeit für ein ordentliches Frühstück und sehr viel Kaffee. Ich fuhr nach Cooke City in die Soda Butte Lodge. Es war ruhig im Restaurant. Überall auf den Tischen stand noch das schmutzige Geschirr. Der Koch kam zu mir und nahm die Bestellung auf.

»Sorry für das Chaos hier«, entschuldigte er sich. »Jenny, meine Bedienung, ist gerade erst zur Arbeit gekommen. Sie konnte nicht aus ihrem Haus, weil ein Grizzly vor der Tür stand.«

Ein Grizzly vor der Tür – das wäre doch mal eine Ausrede für Zuspätkommen am deutschen Arbeitsplatz!

Der Bär hatte schon am Vortag für Aufregung gesorgt. Ich war mittags in meine Cabin gefahren, um mich ein wenig hinzulegen, als ich lautes Rufen und Schreien hörte. Ich öffnete die Tür … und schlug sie gleich wieder zu. Auf der anderen Straßenseite stöberte ein Bär durch den Müll. Dann hatte er entdeckt, was ein nachlässiger Dorfbewohner einfach abgestellt hatte: eine Kühlbox mit einer Gallone (vier Liter) Speiseeis. Es musste wohl noch genügend Eis übrig gewesen sein, um die feine Nase des Bären anzulocken. Der Grizzly saß in

Bilderbuchpose auf dem Hintern, hielt die Kühlbox mit beiden Pfoten hoch und steckte den Kopf hinein. Gelegentlich schaute er mit Eis verschmiertem Gesicht nach den Zweibeinern, die versuchten, ihn mit Schreien und Steinen wegzujagen. Erst als er seine Mahlzeit beendet hatte, trollte er sich gemütlich auf der Hauptstraße in Richtung Nationalpark. Ich fragte mich, ob es wohl dieser Bär war, der die Kellnerin von der Arbeit abgehalten hatte.

Als Jenny mir mein Frühstück brachte, konnte sie schon wieder lachen.

»So ist das, wenn du hier lebst«, sagte sie. »Du musst mit allem rechnen.«

Als ich nach dem Frühstück wieder auf meinen Aussichtspunkt kletterte, schaute ich einmal mehr über meine Schulter, um sicherzugehen, dass sich hier kein Bär herumtrieb.

Vor einem Jahr hatte ich an derselben Stelle mit einer Gruppe eine Fast-nah-Begegnung mit einem Grizzly, die noch bis zum heutigen Tag für Gelächter sorgt, wenn wir uns wiedersehen.

Wir waren auf Wolfsbeobachtungstour. Doris, die älteste der Gruppe, tat sich ein wenig schwer mit dem Laufen. Ihr stand nach ihrer Heimkehr eine Knieoperation bevor. Meine Wanderstöcke erleichterten ihr den Aufstieg auf den Hügel. Oben angekommen, verteilten wir uns und stellten unsere Spektive auf. Kathie, meine Wolfsfreundin aus Colorado, stand etwa zehn Meter von uns entfernt auf gleicher Höhe. Wir alle beobachteten im Tal vier Grizzlybären und mehrere Wölfe an einem Kadaver. Von unserem Standpunkt aus konnten wir die Straße nicht einsehen, hörten aber, dass dort nach und nach Autos eintrafen. Das Bärenspektakel lockte auch die Fotografen an. Einer der Bären ging in Richtung Straße und verschwand aus unserem Blickfeld. Wir dachten uns nichts dabei und beobachteten weiter die restlichen Bären. Plötzlich fragte Doris: »Elli, was ist denn das Braune, das da kommt?«

Ich folgte ihrem ausgestreckten Arm – und sah einen der

Bären auf dem Hügel direkt auf uns zukommen. Zwischen dem Grizzly und uns stand nur noch Kathie, die keine Ahnung hatte, wer sich ihr näherte. So leise wie möglich funkte ich sie an:

»Kathie, da kommt ein Bär auf dich zu.«

Kathie reagierte sofort. Sie schaute sich noch nicht einmal um, sondern packte ihr Spektiv und stieg auf geradem Weg den steilen Hügel hinunter. Erst weiter unten blickte sie zurück.

Unterdessen lief der Grizzly unbeirrt seinen Weg. Direkt auf uns zu. Er hatte die Nase auf dem Boden und marschierte den Wanderweg entlang.

»Bär!«, sagte ich zu meiner Gruppe. Solche Zwischenfälle hatten wir zuvor besprochen. Sie wussten, was jetzt zu tun war. Schnell, aber nicht zu schnell und ruhig (zumindest äußerlich) machten alle kehrt und gingen den steilen Weg hinunter. Ich bildete mit dem entsicherten Pfefferspray die Nachhut. Doch Doris kam trotz ihrer Stöcke nicht so schnell vorwärts, wie sie wollte – oder hätte müssen. Obwohl der Bär langsam lief, kam er uns immer näher.

»Schneller, Doris«, trieb ich die Arme an.

»Ich kann nicht. Es geht nicht schneller.«

Der Bär kam näher.

»Liebe Doris, ich glaube, *jetzt* ist der Augenblick, wirklich schneller zu laufen«, zischte ich ihr von hinten zu.

Doris warf einen Blick über ihre Schulter auf den Bären.

Mit einem mutigen »Ach, was soll's!« hob sie die Stöcke hoch in die Luft und eilte mit einer erstaunlichen Geschwindigkeit den anderen nach. Wir schafften es ins sichere Auto. Gerade als wir die Türen zuschlugen, lief der Bär am Auto vorbei, überquerte die Straße, durchschwamm den Lamar River und trollte sich auf der anderen Seite weiter. Er schaute nicht einmal zu uns herüber.

Wir stiegen wieder aus dem Auto – und trafen auf ein Filmteam von BBC.

»Großartige Aufnahmen!«, riefen sie und zeigten uns den

erhobenen Daumen. Sie hatten unsere Flucht vor dem Bären und die wundersame Heilung von Doris gefilmt.

Noch heute denke ich gern an dieses Erlebnis und wie sehr Doris angesichts der drohenden Gefahr über sich hinausgewachsen ist. Wir hatten auf dieser Tour noch viele großartige Wolfs- und Bärensichtungen, aber diese Geschichte gehört wohl zu denen, die am häufigsten erzählt wurden.

Von meinem Aussichtspunkt aus sah ich einen Grizzly am Kadaver. Offensichtlich hielt er seinen Verdauungsschlaf, denn er lag mitten auf dem Hügel von Gras und Dreck, den er über der Beute angehäuft hatte, alle viere von sich gestreckt. Die fünf Wölfe hatten sich in der Nähe niedergelassen und schliefen ebenfalls zusammengerollt. Auf den Bäumen saßen einige Weißkopfseeadler und äugten sehnsüchtig zum Futter. Sie alle warteten geduldig, bis der Bär irgendwann einmal den Kadaver freigeben würde.

Geduld gehört nicht gerade zu meinen Stärken. Ich hätte gern alles sofort und gleich. In Yellowstone lernte ich, den Begriff Zeit neu zu definieren. Die Natur interessiert es nicht, wie eilig ich es habe. Sie hat ihre eigene Zeit. Und sie überrascht mich immer wieder.

Yellowstones Old Faithful erteilte mir einmal eine Lektion in Sachen Geduld. Der berühmte Geysir verdankt seinen Namen seiner Zuverlässigkeit. Man kann die Uhr nach seinen Ausbruchsintervallen stellen. Alle sechzig bis siebzig Minuten spuckt er eine etwa vierzig Meter hohe Fontäne aus heißem Wasser und Dampf in den Himmel. Wer den Zeitpunkt verpasst hat, schaut einfach im Visitor Center oder in der Lobby der Hotels nach, wann der voraussichtlich nächste Ausbruchstermin ist.

Ich war wieder einmal mit einer Gruppe zur Wolfsbeobachtung im Park. Wenn im Mai die Straße zum Old Faithful vom Schnee befreit und für den Verkehr freigegeben ist, schiebe ich immer einen Besuch beim berühmtesten Geysir der Welt in unseren Zeitplan ein. So wie auch an diesem Tag. Wir wollten den Ausbruch von Old Faithful erleben, gemeinsam zu Mittag essen und dann wieder zurück ins Lamar Valley, um die Wölfe zu beobachten. Mit deutscher Gründlichkeit und alter Reiseleiterroutine hatte ich alles genau geplant. Pünktlich saßen wir auf den Bänken vor dem Geysir, die Kameras im Anschlag. Dicke Wolken Wasserdampf quollen aus der Öffnung, Zeichen für einen bevorstehenden Ausbruch. Sie nahmen zu. Die ersten Spritzer heißen Wassers schossen hervor. Kameras begannen zu klicken. Dann … nichts! Das Wasser fiel zurück ins Loch. Keine spektakuläre Fontäne. Absolut nichts! Wir schauten uns an. Einer von uns gluckste, prustete los. Wir lachten und lachten. Da hatte uns der »alte Zuverlässige« doch einen Streich gespielt. Später erfuhr ich, dass in der Nacht ein paar stärkere Erdbeben den Zeitplan des Geysirs durcheinandergewirbelt hatten.

Ich hätte an diesem Tag eine gute Cartoon-Figur abgegeben. Voll durchgeplantes Programm, straffer Zeitplan. Alles musste funktionieren. Und dann zwang mich ein Geysir zum abrupten Innehalten. Wie ein Polizist, der vor mir steht und die Hand hebt. Stopp! Der Geysir hatte mir gezeigt, dass in der Natur das Element des Ungewissen vorherrscht. Wie vermessen war es, zu glauben, dass die Gesetze der Natur mit vorhersehbarer Regelmäßigkeit ablaufen? Den Rest des Tages fühlten wir uns alle, als hätten wir die Schule geschwänzt. Den Regeln entkommen.

Im Winter 2009 traf ich im Little America einen deutschen Tierfilmer. Wir unterhielten uns eine Weile über seine Arbeit und über die Tiere hier im Nationalpark.

»Sie kennen sich doch aus«, sagte er. »Wo kann ich eine Wolfsjagd filmen?«

Gerade eben noch waren nur zwanzig Meter von uns entfernt zwei Wölfe über die Straße gelaufen. Zum Filmen war es jedoch schon zu dunkel.

Ich wunderte mich. Der Tierfilmer sollte doch am besten wissen, dass ich eine Wolfsjagd nicht »bestellen« kann.

»Morgen um 10:30 Uhr an Tower Junction!«

Und ich versuchte, zu erklären, was der Profi schon sehr viel länger wusste – dass zu einer Wolfsjagd Zeit, Geduld und sehr viel Glück gehören.

»Aber ich brauche *jetzt* eine Szene. Ich fliege übermorgen nach Hause.«

Mein Hinweis auf seinen Kollegen Bob Landis, der für den Film von National Geographic »Das Tal der Wölfe« ganze fünf Jahre lang gefilmt hatte – und das mindest dreihundertfünfzig Tage im Jahr bei jedem Wetter, verhallte ungehört.

»Es gibt doch hier wunderschöne Landschaften und faszinierende andere Tierarten«, war mein zaghafter Vorschlag.

»Dafür habe ich keine Zeit. Die Privatsender haben enge Zeitlimits. Und sie wollen Action sehen.« Schließlich gehe es darum, schnell Quote und damit auch Geld zu machen. Er könne es sich nicht leisten, monatelang Bisons, Hirsche oder schlafende Wölfe zu filmen. Doch eine Wolfsjagd auf Bestellung konnte ich nicht liefern und ließ einen ratlosen Tierfilmer zurück, der ohne Action-Szenen nach Hause fahren musste.

Die Jagd nach dem schnellen Kick. Das scheint das Motto der zivilisierten Welt zu sein. E-Mails, SMS, Twitter, alles muss schnell gehen. Unser Leben rast, und wir sind immer schneller gelangweilt. Ein qualitativ hochwertiges Essen zu kochen braucht gute Zutaten und Zeit. Also essen wir lieber Fast Food. Wir wollen unterhalten werden, und wenn uns das Programm nicht passt, wechseln wir den Kanal. Multitasking ist angesagt. Ständig muss etwas passieren. Ruhe und Stille waren gestern, Action ist heute.

Wie anders dagegen arbeiten Tierfilmer wie Bob Landis. Jeder seiner grandiosen Filme wurde in einem Zeitraum von mehreren Jahren gedreht. Bob ist unabhängig und hat seine eigene Filmfirma. Seine Filme werden von National Geographic oder vom Fernsehsender Nature gekauft. Er lebt in Gardiner und kann es sich daher leisten, täglich im Park zu sein. Sein Toyota Prius ist bis unters Dach vollgestopft mit Kameras, Ausrüstung, Verpflegung. Mit dem Funkgerät hält er

Kontakt zu Rick, sagt jedoch meist nichts, wenn er eine gute Sichtung hat, weil er beim Drehen allein sein will. Ich beobachtete ihn an einem der nächsten Tage nach dem Treffen mit seinem deutschen Kollegen, als er selbst gerade bei der Arbeit war und tatsächlich eine Wolfsjagd vor die Linse bekam. Bob fuhr mit dem Auto vor mir her. Plötzlich schoss er in die nächste Parkbucht, sprang aus dem Wagen, riss die Heckklappe auf, zerrte die riesige Profi-Kamera heraus, warf sie sich auf die Schulter und rannte, so schnell er konnte, einen Hügel an der Straße hoch.

Wie – wo – was? Ich saß verblüfft in meinem Auto. Was hatte ich verpasst, was Bobs erfahrene Augen gesehen hatten? Ich stieg aus und achtete dabei sorgfältig darauf, dass ich nur ja nicht die Autotür zuschlug, denn das würde den Profi verärgern. Leise folgte ich ihm. Und tatsächlich, da war sie, die Wolfsjagd. Acht Tiere kamen aus dem Wald und verfolgten eine Hirschkuh. Sie konnten sie fast berühren, als die Beute noch einmal einen Haken schlug und entkam.

»Gar nicht schlecht«, freute sich Bob und packte seine Ausrüstung wieder ein. Wir teilten uns eine Tafel Schokolade, und Bob erzählte mir, dass sein nächstes Projekt ein Film über unseren »Casanova« (Wolf 302) sei. Dann stieg er wieder in sein Auto und fuhr davon. Der Casanova-Film »The Rise of Black Wolf« erhielt 2011 beim Missoula Wildlife Film Festival den ersten Preis für den besten Tierverhaltensfilm.

Es sind die Ruhe und Bescheidenheit, die den Tierfilmer in meinen Augen so auszeichnen. Oft steht er stundenlang in eisiger Kälte und bei dichtem Schneesturm auf einem Hügel im Slough-Gebiet, der inzwischen seinen Namen trägt: Bobs Knob. Wie eine Statue in Jeans und dickem Parka, die warme Schildmütze tief über die Ohren gezogen. Wenn er in seinen scheinbar viel zu weiten, abgetragenen Winterstiefeln losschlurft, habe ich stets die Vision, dass er irgendwann einmal schneller ist als seine Schuhe und sie auf der Straße zurückbleiben, während er in Socken die nächste spannende Szene filmt.

Nur einmal hörte ich Bob fluchen: Er filmte gerade das Paarungsvorspiel von zwei Wölfen, ein zauberhaftes Getänzel, Flirten und Werben. Gerade als der Rüde auf die Wölfin sprang, hörte ich ein lautes »Sch ...« und sah Bob zum Auto zurückrennen.

»Akku leer«, fluchte er. Er hatte den Ersatzakku im Auto liegengelassen. Hektisch kramte er im Kofferraumchaos, tauchte schließlich mit dem kostbaren Teil wieder auf und rannte zurück zur Kamera. Die Wölfe hingen zwar noch im Paarungsakt zusammen, aber den eigentlichen Moment hatte er verpasst.

Bob hat zahlreiche Emmys und Filmauszeichnungen gewonnen. Er hat im Denali Nationalpark, Alaska, im Kluane Nationalpark, Yukon, und im Algonquin Nationalpark, Ontario, gedreht. Sein Zuhause ist jedoch der Yellowstone-Nationalpark, wo er Filme gemacht hat über das Verhalten von Kojoten, die großen Feuer und ihre Auswirkungen, den Lebenszyklus einer Hirschherde und ein Jahr im Leben eines Trompeterschwanes. Sein Lieblingsthema aber sind die Wölfe.

Von Bob habe ich viel gelernt. Als er gerade einen Bisonfilm drehte, hatte ich zuvor beobachtet, wie eines der Tiere mit einem gebrochenen Bein schon tagelang herumgehumpelt war. Dennoch waren noch keine Wölfe oder Bären aufgetaucht, was mich ein wenig verwunderte.

»Bisons sind unglaublich hart im Nehmen«, erklärte mir Bob. »Ich habe einmal einen schwerverletzten Bison über vier Wochen lang gefilmt, bis er gestorben ist. Keiner der Beutegreifer hat sich an ihn herangetraut.«

In Sachen Geduld ist der Tierfilmer mit dem lockigen Bart und der großen Brille wahrlich ein grandioser Lehrmeister.

Die Natur hat ihre eigene Zeit. Vieles können wir gar nicht mit menschlichen Maßstäben messen. Als 1995 die ersten Wölfe nach langer Abwesenheit nach Yellowstone zurückkamen, hatten wir noch keine Ahnung, welche Auswirkungen dies auf ihre Beutetiere und das gesamte Ökosystem haben würde. Das sollten wir erst viel später begreifen. Doch diese Entwicklung ist noch längst nicht abgeschlossen und wird es wohl auch niemals sein. Ich habe gelernt, in anderen Zeiträumen zu denken. Was sind zwei oder drei Jahre Naturbeobachtung gegen das Lebensalter eines Grizzlys (dreißig Jahre), dem eines dreihundert Jahre alten Waldes oder eines zehntausend Jahre alten Flusses?

Wir erwarten immer noch viel zu viel, und das zu schnell. Wir erwarten, dass wir eine Tierart in ein Ökosystem zurückbringen, und ein paar Jahre später läuft alles nach Plan. Wir rechnen nicht mit Rückschlägen, dem Unvorhersehbaren. Doch die Natur bringt unsere schöne Kalkulation immer wieder durcheinander.

Meine Aufenthalte in Yellowstone lehren mich jedes Jahr aufs Neue eine meiner schwersten Lektionen: keine Erwartungen zu haben. Ich bin eine Träumerin. Ich träume mir mein Leben so, wie es meiner Auffassung nach sein sollte: die perfekte Ehe, den perfekten Job, das perfekte Haus, das perfekte Buch. Dass das nicht funktionieren kann, liegt auf der Hand. Eine sehr kluge Freundin von mir sagte einmal: »Auf der Suche nach dem perfekten Leben verpassen wir das eigentliche Leben.« Und auch John Lennon drückte es treffend aus: »Leben ist das, was passiert, während du fleißig dabei bist, andere Pläne zu schmieden.«

Die Natur und die Wölfe holen mich immer wieder auf den Boden zurück, machen mich gelassener und entspannter, wenn sich das Leben wieder einmal meinen Vorstellungen widersetzt und einfach »passiert«.

Die Sonne schien jetzt auf meinen Aussichtspunkt. Ich konnte die Jacke ausziehen. Die fünf Wölfe hatten inzwischen den Grizzly vertrieben und den Kadaver zurückerobert. Wenn sie mit blutigen Gesichtern aufschauten, sahen sie aus wie Kinder, die sich über einen Riesenberg Erdbeereiscreme hergemacht haben. Die Kojoten warteten geduldig in der Nähe. Ein Weißkopfseeadler hatte sich ein Stück Fleisch geschnappt und saß auf einem Felsen, um es zu fressen. Etwa zwanzig Raben saßen auf den umstehenden Bäumen und schauten begehrlich zu dem Fleisch hinunter. Die Parkbucht unten an der Straße füllte sich langsam mit Autos. Die Wolfs-Paparazzi trafen ein und stellten ihre Geräte auf. Große Objektive und Filmkameras richteten sich auf die Wölfe. Das wurde denen bald zu viel. Sie standen auf und liefen davon, nicht ohne noch gelegentlich einen sehnsüchtigen Blick zurückzuwerfen. Der Kadaver gehörte jetzt wieder den Kojoten.

VON MACHT UND MACHTLOSIGKEIT

Ich entdeckte den Wolf, als ich in das weite Tal des Hayden Valley fuhr. Er lag neben einem toten Hirschkalb und rührte sich nicht. Merkwürdig. Wenn er das Kalb gerissen hatte, müsste er jetzt eigentlich daran fressen. Aber er lag nur da, mit der Schnauze im Gras und offenen Augen. Ich war erleichtert. Er war also nicht tot. Vielleicht ruhte er sich nur aus. Dann stand er mühsam auf. Es war ein Jungwolf, höchstens ein Jahr alt. Als er versuchte, ein paar Schritte zu laufen, sah ich, dass ein Bein in unnatürlichem Winkel abstand und blutete. Es war gebrochen. Mein Herz rutschte in die Magengrube. Der Wolf humpelte ein paar Schritte, trat aber nicht auf das Bein. Alle paar Meter blieb er stehen und leckte sich die Wunde. Der Schwanz, der tief unter den Bauch gezogen war, zeigte deutlich, dass er Schmerzen hatte.

Mein erster Gedanke war, den Erste-Hilfe-Kasten zu holen und das Bein zu schienen. Ich hätte ein paar nette Worte auf den Gips geschrieben: »Gute Besserung, Wolf.« Der Kleine hätte sich erholt und würde in ein paar Wochen wieder munter herumtollen.

Wie ein Hund schüttelte ich mich, um die Tagträume loszuwerden. Die Realität war ungleich brutaler. Mit sehr, sehr viel Glück würde der Bruch heilen. Wölfe haben schon erstaunliche Verletzungen überlebt. Fakt ist aber auch, dass ein Jungwolf mit einem gebrochenen Bein nicht mit seiner Familie jagen kann. Er ist hilflos. Ich sah weit und breit keine anderen Wölfe, was mich wunderte. Vielleicht hatte er sich schon von seiner Familie abgesetzt und war allein unterwegs? Oder die anderen waren weitergezogen und hatten ihn zurückgelassen, was aber sehr ungewöhnlich wäre. Normalerweise kümmern sich Wolfsfamilien sehr fürsorglich um verletzte Mitglieder.

Ein Auto mit New Yorker Kennzeichen hielt neben mir an. Der Fahrer, ein Mann mittleren Alters, ließ das Fenster herunter. Die übliche Frage:

»Was gibt's zu sehen?«

Ich zeigte auf den Wolf.

»Ist er verletzt?« Seine dunkelhaarige gepflegte Frau stieß die Autotür auf und stieg aus.

»Sieht so aus.«

»Ogottogott, der Aaaarme. Da muss man doch was MACHEN! Arbeiten Sie hier?«, fragte sie mit weit aufgerissenen Augen.

»Ich helfe im Wolfsprojekt aus.«

»Ja, dann rufen Sie doch jemand. Da muss sich doch jemand drum kümmern«, fiel jetzt ihr Mann ein, offensichtlich ganz der Manager, der es gewohnt war, dass sich »jemand kümmert«.

Die beiden sprachen mir aus der Seele. Aber ich musste sie enttäuschen.

»Es wird niemand kommen. Und selbst wenn jemand vom Park Service käme, greifen die nicht ein.«

Empörte Gesichter.

»In den Nationalparks werden die Natur und die Tiere sich selbst überlassen. Menschen greifen nicht regulierend ein. Dazu gehört auch, verletzte Tiere nicht zu versorgen«, versuchte ich zu erklären.

»Das ist doch allerhand. Das arme Tier so leiden zu lassen«, schnaufte der Mann, während die blauen Augen seiner Frau verdächtig zu glitzern begannen. Sie stiegen in ihr Auto und brausten davon.

Zuzuschauen, wie ein Lebewesen leidet, und nichts dagegen unternehmen zu können, ist vermutlich eines der schwersten Dinge für die meisten Menschen. Die Praxis des Nicht-Eingreifens erscheint auf den ersten Blick brutal. Aber sie ist, so schlimm es klingt, die einzig richtige. Zumindest meistens.

Ich hatte einmal ein Erlebnis, das mich tatsächlich an den Rand der Verzweiflung gebracht hat.

Es war im April 2005. Über Funk hatte ich gehört, dass ein Bison in das Eis des Phantom Lake eingebrochen sei. Das geschieht unzählige Mal in jedem Winter und Frühjahr. Einige Tiere können sich retten. Viele ertrinken. Obwohl es schon dunkel wurde, fuhr ich zu der Stelle und sah, dass sich das Tier zwar noch bewegte, aber schon fast bis zum Hals im Wasser steckte.

Am nächsten Morgen wollte ich wieder nach dem Bison schauen. Nach einer kalten Nacht bei minus zwanzig Grad ging ich davon aus, dass er nicht mehr lebte. Umso erschütterter war ich von dem, was ich vorfand. Anhand der Spuren konnte ich mir zusammenreimen, was geschehen war. Offensichtlich hatte das Bisonweibchen ihr einjähriges Kälbchen bei sich, als sie in das dünne Eis des Sees eingebrochen war. Bisons sind eigentlich gute Schwimmer. Aber der See war nicht tief genug. Die Tiere steckten im zähen Schlamm fest. Als ich an diesem Morgen in die kleine Parkbucht direkt oberhalb der Stelle fuhr, sah ich, dass die Bisonmutter schon ertrunken war. Aber das Kälbchen lebte noch. Es stand auf seiner toten Mutter und hielt den Kopf über Wasser. Die Luft, die es verzweifelt aus der Nase stieß, verwandelte den Atem in kleine Eiskristalle. Bei dem Versuch, im eisigen Schlammloch Halt zu finden, vergrößerte sich dieses immer mehr. Über zwanzig Stunden lang hatte das Kleine schon ausgehalten. Ich war verzweifelt, und ich war allein. Nicht bewegen, befahl ich mir selbst. Denn wann immer ich mich in meiner Parkbucht rührte, geriet das Kälbchen weiter unten in Panik, strampelte und verbrauchte so noch mehr kostbare Energie. Mir blieb nur, stillzustehen und ihm beim Sterben zuzusehen. Ab und zu sank sein Kopf ins Wasser, und ich hoffte, dass es endlich vorbei wäre. Aber dann schreckte wieder irgendetwas den kleinen Bison hoch.

Als sich ein Auto des Parkservice näherte, sprang ich auf die Straße und hielt es an. Ich zeigte dem Ranger die Situation.

»Können Sie nichts machen?«, fragte ich.

Der Ranger schaute mich mit einer Mischung aus Mitleid und Besorgnis an.

»Wir greifen nicht ein. Das hier passiert tausendfach im Hinterland von Yellowstone. Dann ist auch niemand da, der hilft. Das ist halt die Natur.«

Natürlich. Er hatte vollkommen recht. Ich verstand es ja. Aber Verstehen und Akzeptieren sind zweierlei. Ich erwartete ja nicht, dass jemand eine Winde holte und das Tier herauszog.

»Können Sie den Bison nicht erschießen? Seinen Todeskampf beenden?«, schluchzte ich.

»Nein! Wenn das im Hinterland passiert, kann ich das auch nicht.«

Aber das hier war kein Hinterland. Das Tier hatte einen langen, qualvollen Todeskampf. Eine Kugel hätte ihn beenden können. Ich war ebenso empört wie die Touristen, die mich zuvor im Hayden Valley angesprochen hatten. Langsam wurde ich hysterisch. Kurz überlegte ich tatsächlich, ob ich dem Ranger die Waffe entreißen und das Tier selbst töten sollte. Offensichtlich sah er mir an, was ich im Sinn hatte. Er sprach beruhigend auf mich ein. Versuchte, mir noch einmal das »Konzept Natur« zu erklären. Mein Kopf verstand. Aber ich war nicht mehr in der Lage, Kopf und Gefühle zu trennen. Ich sprang in mein Auto und fuhr davon. In einer einsamen Parkbucht heulte ich mir die Seele aus dem Leib.

Meine extreme emotionale Reaktion erschütterte mich. Wie konnte mich dieser Vorfall so aus der Bahn werfen?

Ich habe in Yellowstone immer wieder die Erfahrung gemacht, wie sehr es einen Menschen verändert, wenn er sich längere Zeit in der Natur aufhält. Man scheint »aufzubrechen«, empfindsamer zu werden. Ich war definitiv an diesem Punkt angelangt. Nur langsam beruhigte ich mich wieder. Die aufgestauten Emotionen machten der Traurigkeit Platz. Aber auch der Gewissheit, dass alles okay war, so wie es ist. Ich nahm mir ein Beispiel an den Tieren. Sie akzeptierten, was geschah. Sie kämpften bis zum letzten Moment. Dann aber fügten sie sich in ihr Schicksal. Das hatte ich schon oft beobachtet. Kein Schreien und Klagen, wie schrecklich und ungerecht diese Welt ist. Sie verstehen. Sie wissen um den Kreislauf des Lebens. Warum wehren wir Menschen uns so verzweifelt dagegen?

Ich fuhr zurück zu dem sterbenden Bisonkälbchen. Wieder war ich allein. Ich setzte mich auf einen Stein und blieb bei ihm, bis es dunkel wurde. Still betete ich für das Tier und wünschte ihm eine gute Reise in die ewigen Bisonjagdgründe, wo seine Mutter schon wartete.

Dieser Vorfall war eine große Lektion in Demut und Akzeptanz. Was noch lange nicht bedeutete, dass ich nun für alle Zeit von meinem Wunsch, mein Leben möglichst unter Kontrolle zu haben, geheilt war. Ich verzweifle immer noch, wenn ich ein Tier leiden sehe, so wie den Wolf mit dem gebrochenen Bein. Ich möchte immer noch helfen. Aber ich akzeptiere auch, dass ich nicht immer etwas tun kann oder muss und dass ich nicht jeden retten kann. In diesem Moment konnte ich nur hoffen, dass die Familie des verletzten Wolfes zurückkam und sich um ihn kümmerte. Was mir blieb, war, einen Schritt zurückzutreten und der Natur ihren Lauf zu lassen.

Warum fällt uns Menschen das so schwer? Warum müssen wir alles kontrollieren und manipulieren? Diese Frage stelle ich mir oft. Der Yellowstone-Nationalpark ist in gewisser Weise ein Widerspruch in sich. Auf der einen Seite ist er pure, unberührte Natur. Ein perfektes Ökosystem. Auf der anderen Seite ein Experimentierfeld für Wissenschaftler.

Es gibt ein phantastisches Buch von Alston Chase: »Playing God in Yellowstone«. Dieses Buch erschien 1986 und stand viele Jahre auf der »Schwarzen Liste«. Es durfte in keinem Nationalpark verkauft werden. Heute ist es wieder überall erhältlich. Der Autor geht hart mit der Nationalparkverwaltung ins Gericht. Von der Vernichtung von Tierarten (Wolf und Bär) bis zur Feuerbekämpfungspolitik. Alles werde manipuliert. Die Kernaussage: In seiner Überheblichkeit, sich selbst als Krone der Schöpfung zu sehen, zerstört die Nationalparkverwaltung den Nationalpark.

Doch in den letzten fünfundzwanzig Jahren haben wir dazugelernt – sollte man meinen. Auch wenn ich mitunter Zweifel daran habe. Zwar sind Wölfe und Grizzlybären wieder zurückgekehrt, und das Ökosystem hat sich reguliert. Aber es gibt kaum eine »bedeutende« Tierart, die nicht in ein wissenschaftliches Projekt involviert ist. So finden wir Bären, Pumas, Kojoten und Wölfe mit Sendehalsbändern. Und selbst die Bisons tragen breite, manchmal weiße Halsbänder.

Die Wissenschaftler argumentieren, dass die Tiere sich nicht an den Halsbändern stören, das träfe auch auf die Wölfe zu. Doch ich bin – ganz unwissenschaftlich – anderer Ansicht. Einige Wölfe wehren sich. Ich weiß von mindestens drei Wolfsgruppen, die sich gegenseitig das lästige Anhängsel abgekaut haben. Als Reaktion auf diese deutliche Absage entwickelten die Wissenschaftler Halsbänder mit Stahleinlagen. Als auch diese von den Wölfen zerbissen wurden, baute man Stacheln in die Halsbänder. Statt den Willen der Wölfe zu akzeptieren, wurde er unterdrückt.

Ich habe zwei ausgediente Radiohalsbänder zu Hause und nehme sie oft zu Vorträgen mit. Meine Zuhörer sind jedes Mal erstaunt, wenn sie ein Halsband in die Hand nehmen.

»Das ist aber schwer« und »Stört das den Wolf nicht?«, fragen sie mich. Ich glaube nicht, dass ein Wissenschaftler längere Zeit mit so einem Monstrum um den Hals herumlaufen möchte.

Brauchen wir Radiohalsbänder, und brauchen wir Forschung? Es gibt kein einfaches Ja oder Nein auf diese Frage.

Mein erstes Erlebnis, das mich mit den realen Folgen der Wolfsforschung konfrontierte, ließ mich früh an dieser Form der wissenschaftlichen Arbeit zweifeln.

Ende September 1991 war ich in Montana und Wyoming auf der Suche nach Wölfen. Ich hatte Hinweise bekommen, dass ich möglicherweise im Glacier Nationalpark an der Grenze zu Kanada Glück haben könnte. Bis zu meinem Rückflug hatte ich nur noch drei Tage Zeit. Aber ich wollte versuchen, mehr in Erfahrung zu bringen. Vierzig Meilen Autofahrt über Stock und Stein führten mich in zwei Stunden von der spektakulären Going to the Sun Road zum entlegenen Kintla Lake. Lyle Ruterbories, der Ranger und Campground Host, erzählte mir, dass es auf jedem der umliegenden Berge Wölfe gebe. Die Größe der einzelnen Wolfsfamilien kannte er nicht. Eine große schwarze Wölfin, die auch keine Angst vor Menschen habe, sei des Öfteren gesehen worden, Einmal habe sie sogar mit ihren fünf Jungen auf der Straße gespielt. Allerdings müsse ich vorsichtig sein. Es gebe hier jede Menge Grizzlys und Schwarzbären. Lyle zeigte auf die vergitterten Fenster und Türen der Ranger-Hütte; die tiefen Kratzspuren darauf bestätigten seine Warnung. Ich packte meine Essensvorräte in die vorgesehenen bärensicheren Stahlkisten und sah zu, wie die Sonne hinter den Bergen versank. Das Wissen, dass dort in den dunklen Wäldern eine Wölfin ihre Jungen großzog, machte mich glücklich.

Am nächsten Tag musste ich schon wieder zurück in die Zivilisation. Ich stand früh auf. Eine lange, holprige Fahrt lag vor mir. Nach einer halben Stunde hielt ich an. Zwei Hirsche präsentierten sich fotogen in der Morgensonne. Ich wollte gerade meine Kamera auspacken, da bemerkte ich eine wolfsähnliche Gestalt. Buschiger Schwanz, aber zu große Ohren. Das Tier war ganz in meiner Nähe. Normalerweise hätte es fortlaufen müssen. Aber das tat es nicht. Es sprang nur auf und fiel dann gleich wieder zu Boden, so als ob es von etwas festgehalten würde. Als ich ein metallenes Klirren hörte, ahnte ich, dass es in eine Falle geraten war. Mein Herz klopfte bis zum Hals, als ich noch näher heranfuhr. Ich wusste, dass das Tier vor einem Auto weniger Angst haben würde als vor einem Zweibeiner. Dann sah ich ihn. Ein Kojote in einer Falle. Er versuchte verzweifelt zu entkommen, setzte sich dann aber schließlich hin. Ich konnte den Stahlbügel sehen, der seine blutige rechte Pfote festhielt. Die Falle hing an einer Kette, die um einen Baum geschlungen war. Panische aufgerissene, schmerzerfüllte Augen. Ich werde dieses Bild niemals vergessen.

»Ich hole Hilfe«, versprach ich dem Kojoten und raste los.
Das erste Auto, das mir entgegenkam, hielt ich an. Der Fahrer
schaute mich merkwürdig an, als ich ihm unter Schluchzen zu
erklären versuchte, warum ich Hilfe brauchte.

»Das ist die Wolfsfalle einer Biologin«, sagte er. »Sie ist
schon auf dem Weg.«

Und da kam sie auch schon. In einem klapprigen Pickup saß
eine junge blonde Frau. Ein großer Hund nahm den gesamten
Beifahrersitz ein. Ich winkte sie heran und rollte das Fenster
herunter.

»Der Kojote …«, schniefte ich.

»Ich weiß. Ich bin schon auf dem Weg zu ihm. Ich werde
ihn befreien«, sprach sie beruhigend auf mich ein. »Er ist in
eine meiner Wolfsfallen gekommen.«

Immer noch mit tränenüberströmtem Gesicht fragte ich:
»Hat er Schmerzen?«

»Wahrscheinlich schon«, antwortete die Forscherin. »Aber
ich werde ihm etwas Salbe auf die Wunde geben. Dann geht
es ihm schnell wieder gut.«

Sie fragte mich, wo ich jetzt herkomme und ob ich Wölfe
am See gesehen habe, und berichtete kurz von dem Wolfsprojekt, an dem sie arbeitete. Ihr Versuch, mich in ein Gespräch
zu verwickeln und so zu beruhigen, zeigte Wirkung. Der Kojote hing in einer Spezialfalle und würde vermutlich keine
allzu schlimmen Verletzungen haben.

»Ich muss jetzt los und mich um den Kleinen kümmern.«
Der Pickup mit Frau und Hund holperte weiter.

Ein Jahr später sah ich die junge Biologin auf einer Wolfskonferenz. Es war Diane Boyd, eine bekannte amerikanische
Wolfsforscherin. Wir trafen uns später noch öfter. »Ich habe
dich nie vergessen. Du warst so aufgelöst und hast mir so leid-
getan«, sagte sie einmal zu mir.

Ich konnte nicht verstehen, warum man Tieren so etwas an-
tun muss. Welches Recht hatten wir, derart in die Natur ein-
zugreifen, dass wir die Tiere nicht nur störten, sondern sogar
verletzten?

Dass Forschung auch anders aussehen kann, erfuhr ich von Georg Sutter aus der Schweiz. Georg war seit über zwanzig Jahren als kantonaler Wildhüter beim Amt für Jagd und Fischerei in Graubünden angestellt, wo einzelne Wölfe Anfang dieses Jahrtausends aus Italien eingewandert sind. Als Georg mich einmal in Yellowstone bei meiner Forschung begleitete, war er von dem technischen Aufwand, den die Wissenschaftler dort betreiben, nicht begeistert.

»Ich gehe lieber allein in meine Berge, setze mich irgendwo hin und warte, bis die Wölfe kommen.«

Seit er pensioniert ist, verbringt Georg jeden Sommer als Hirte auf einer Alp. Wenn er im Herbst zurück ins Tal kommt, kann er von beeindruckenden Sichtungen »seiner« Wölfe berichten. Mit seiner stillen Beobachtungsgabe hat er mehr zur Forschung über die Schweizer Wölfe beigetragen als mancher Wissenschaftler.

Aber Zeit ist das, was Wissenschaftler heute nicht mehr haben. Doug Smith, der Leiter des Yellowstone Wolfsprojektes, sagt dazu:«Wir können nicht mehr zu den Zeiten zurück, als wir uns nur still hinsetzten, beobachteten und Aufzeichnungen im Tagebuch machten, so gern wir es auch manchmal möchten. Dafür ist der Großraum Yellowstone mit 72 800 Quadratkilometern zu groß. Radiohalsbänder sind das Herz und die Seele der Wolfsforschung.«

Ursprünglich sollten die Wölfe nur in den Anfangsjahren besendet werden. Heute tragen etwa dreißig bis fünfunddreißig Prozent ein Halsband. In jedem Winter werden einige der Jährlinge besendert. Für mich hat eine solche Aktion sehr zwiespältige Gefühle zur Folge.

Es geschieht stets an einem schönen, sonnigen Wintertag. Die Wölfe liegen entspannt auf einer freien Fläche im Schnee. Sie ahnen nicht, dass sechzig Kilometer Luftlinie entfernt ein Hubschrauber betankt wird und Doug seine Ausrüstung kontrolliert und das Betäubungsgewehr lädt. Von Rick hat er über Funk die Meldung erhalten, dass die Wölfe jetzt gut sichtbar sind.

Zuerst hört man nur ein leises Brummen. Die ersten Wölfe heben die Köpfe. Es sind die erfahrenen Tiere, die diese Prozedur schon einmal mitgemacht haben. Sie kennen genau den Unterschied im Klang zwischen einem Hubschrauber und einer einmotorigen Cessna, dem Biologenflugzeug, das einmal wöchentlich die Wölfe zählt. Sie schießen in die Höhe und rasen davon. Zurück bleiben reichlich verwirrte Jungwölfe, die sich keinen Reim auf all das machen können. Auch sie hören jetzt das Brummen näher kommen und stehen auf. Schauen sich irritiert um. Dann steigt der Hubschrauber hinter einem Berg auf wie in einem Actionfilm. Die Wölfe geraten in Panik und rennen davon. Einer flüchtet in den Wald. Der andere macht den Fehler, auf die freie Schneefläche zu laufen, dicht gefolgt von der lauten Höllenmaschine. Pfoten fliegen. Ohren sind angstvoll angelegt. Die Tiere versuchen mit hechelnden Zungen Luft zu schnappen. Aufstiebender Schnee, als der Helikopter sich hinabfallen lässt. Doug hängt angeschnallt in der Tür, das Gewehr im Anschlag.

Es ist »nur« ein Betäubungsgewehr, beruhige ich mich. Aber genauso sieht es aus, wenn in Alaska aus der Luft Jagd auf Wölfe gemacht wird, um sie zu töten. Eine Faust bohrt sich in meine Magengrube. Der Wolf will nur noch eins: Weg! Zu spät. Getroffen überschlägt er sich. Ist getroffen. Rappelt sich auf, läuft noch ein paar Meter und wird langsamer. Sinkt zu Boden.

Der Hubschrauber dreht sofort nach dem Schuss ab und landet ein Stück entfernt. Doug springt heraus und kämpft sich mit seinem Rucksack durch den hüfttiefen Schnee zu dem Wolf. Er setzt sich neben das betäubte Tier, zieht seine Jacke aus und bedeckt es damit, um es vor dem Auskühlen zu schützen. Ich weiß, wie sehr die Wölfe Doug am Herzen liegen. Er tut alles, um die ganze Prozedur so schnell wie möglich abzuwickeln. Er nimmt Maß. Zapft Blut ab. Bindet die Füße des Tieres zusammen, zieht es hoch und wiegt es. Zwischendurch streichelt er immer wieder liebevoll über das Fell. Weitere Untersuchungen. Alles wird notiert. Zuletzt bekommt der Wolf das Halsband mit dem schweren Akku umgelegt. Dann ist der Biologe fertig und fliegt zurück zum Hauptquartier.

Der Wolf bleibt noch eine Weile liegen. Als er wach wird, hat er weiche Knie und taumelt ein wenig. Er ist orientierungslos und sucht seine Familie. Heult. Irgendwann werden sie zurückkommen. Vielleicht werden sie sich wundern, wie er riecht und was er für ein Ding um den Hals trägt.

Besenderungsaktionen laufen meist auf diese Weise ab. Sie erfordern eine Meisterleistung des Hubschrauberpiloten und schwere, körperliche Arbeit für den Biologen. Einen sechzig oder siebzig Kilo schweren Wolf zu heben und zu wiegen führt zwangsläufig zu Rückenproblemen.

Das Betäuben aus der Luft ist ebenfalls nicht ungefährlich für die Wölfe. Immer wieder werden Tiere dabei verletzt oder sterben. Trifft der Schütze nicht richtig, kann er den Wolf töten. Der Leitwolf einer Wolfsfamilie wurde einmal von der Betäubungsspritze in eine Sehne getroffen und verletzt. Er konnte auf dem rechten Hinterbein nicht mehr stehen. Und das in der Paarungszeit. Wir machten uns große Sorgen um den Fortbestand der Wolfsfamilie. Aber die Beutegreifer zeigten uns wieder einmal, wie hart im Nehmen sie sind. Der verletzte Wolf fand eine Möglichkeit, für Nachwuchs zu sorgen: Bei der Paarung umklammerte er seine Wölfin mit beiden Vorderpfoten und balancierte dabei auf dem gesunden Hinterbein.

Bei jeder Besenderungsaktion, die ich beobachte, stelle ich mir die Frage, ob es richtig ist, was hier geschieht. Und ich schäme mich, zugeben zu müssen, dass ich keine Antwort geben kann, ohne mich selbst zu beschuldigen. Denn natürlich nutze auch ich die Vorteile der Radiohalsbänder. Durch sie können wir sie orten und ihnen folgen. Dank der Telemetrie haben wir großartige Einblicke in das Leben der Wölfe erhalten. Erkenntnisse über Sozialstruktur, Sterblichkeit, Verhalten und das Funktionieren eines Ökosystems.

Ein anderes Argument der Forscher für die Radiohalsbänder ist die abschreckende Wirkung, die sie auf Jäger haben. Sie würden keinen Wolf erschießen, der zu einem wissenschaftlichen Projekt gehört. Leider gibt es auch hier Ausnahmen. Als im Sommer 2009 die Wolfspopulation in Montana und Idaho als genesen deklariert und von der Artenschutzliste gestrichen wurde, starben innerhalb weniger Stunden vier besenderte Mitglieder der Cottonwood-Wolfsfamilie, darunter beide Leittiere. Die Wölfe waren seit fünf Jahren beobachtet worden und sehr wertvoll für das Projekt. Es wird spekuliert, dass die Jäger die Frequenzen der Radiohalsbänder kannten und die Tiere so orten konnten.

Forschung führt zwangsläufig auch zu Wildtiermanagement und letztendlich zu Kontrolle und Manipulation. Wildtiermanagement ist auch ein Prestigeobjekt. Es wird staatlich finanziert, und viele Arbeitsplätze hängen davon ab. Dass Doug Smith immer mehr Wölfen Halsbänder anlegen muss, ist nicht seine Entscheidung. Es ist eine politische und finanzielle Entscheidung der Parkverwaltung. Er kann seinen Job – und die Jobs vieler anderer – nur sichern, wenn das Projekt weiter finanziert wird. Und finanziert wird nur mit Forschung. So einfach ist das.

Die Parkverwaltung steht unter großem politischem Druck, vor allem vonseiten der Viehwirtschaft. Besenderte Wölfe, die aus dem Park herauswandern und Nutztiere angreifen, können schneller geortet und getötet werden.

Wie viel Forschung muss also sein?

In den letzten zwanzig Jahren hat sich viel verändert. Früher war »Feldforschung« noch die Königsklasse der Tierforschung. Die Biologen mussten hinaus in die Kälte. Sie machten sich die Hände schmutzig und holten sich nasse Füße. Heute erlaubt die Technik »Büroforschung«. Man hat mit den Tieren nur noch bei der Besenderung unmittelbar zu tun. Gemütlich im Sessel sitzend, verfolgen die Studenten den Weg des Wolfes. Sie können sogar per Tastendruck sein Halsband absprengen, um es später einzusammeln und wiederzuverwenden. Um es überspitzt zu sagen: Der Wolf kann programmiert werden. Wir verlieren immer mehr das Gefühl der Verantwortung für ein lebendes Wesen. Es wird zum Objekt degradiert. Wir verlieren nicht nur den Bezug zur Natur, sondern auch zum Tier. Dazu passt auch die Praxis, den Wölfen Nummern zu geben statt Namen. So kommt keine persönliche Beziehung zu den Tieren zustande.

In Amerika verwendet man gern und oft »neutrale« Wörter für Eingriffe in die Tierwelt. Die Wölfe werden »geerntet« (harvested) oder Problemwölfe »entnommen« (culled). Fakt ist, die Tiere werden getötet. Durch die neutrale Bezeichnung entfernen wir uns vom tatsächlichen Akt und von dem Tier. Ich bin der Auffassung, wir müssen das, was wir tun, wieder beim Namen nennen. Sonst entsteht ein falsches Gefühl von Akzeptanz.

Wer meint, Forschung hätte keine Auswirkungen auf die Natur, irrt gewaltig. Wir Menschen *haben* einen Einfluss auf die Natur. Schon durch unsere bloße Präsenz ändern wir das Verhalten vieler Tierarten. Sie fühlen sich gestört, gehen fort, geben einen Kadaver auf oder unterbrechen eine Jagd.

Auch eine Wiederansiedlung von Tieren an sich ist ein massiver Eingriff in das Leben anderer Tierarten, die direkt oder indirekt durch die Anwesenheit der neuen Spezies betroffen sind.

Obwohl der ökologische Bedarf für Wölfe klar ist, ist das Thema einer Wiederansiedlung sehr komplex. Der Preis für eine Rückkehr der Wölfe ist sowohl ein finanzieller als auch ein ethischer. Unter den momentan vorherrschenden Management Programmen in Amerika können Wölfe auch getötet werden, wenn Menschen es für notwendig halten. So besteht die Gefahr, dass die Tiere als »Experiment«, als »wissenschaftliche Forschungsobjekte« betrachtet werden. Ich beobachte immer mehr, dass sich ein Denken einzuschleichen scheint, demzufolge es selbstverständlich ist, die Wölfe auf jede mögliche Art und Weise zu kontrollieren.

Das ultimative Ziel von Wiederansiedlungs- und Zuchtprogrammen ist es, eine vom Aussterben bedrohte Tierart wieder in die Wildnis zurückzubringen. Das gelingt nur sehr selten so gut wie in Yellowstone.

Manchmal gehen derartige Manipulationen auch zu weit.

Es gibt ein weiteres Wiederansiedlungsprogramm von Wölfen in den USA: Der Mexikanische Wolf, der in der Wildnis bereits ausgestorben war, wird in Zoos gezüchtet und dann in Arizona und New Mexico wieder ausgesetzt. Im Oktober 1998 flog ich nach Arizona, um die Biologen für das »Wolf Magazin« zu interviewen.

In Springerville traf ich Diane Boyd wieder, die Biologin aus Montana. Sie zeigte mir die Gehege, in denen die Wölfe in der Zeit vor ihrer Freilassung untergebracht werden. Sie liegen mitten im Ranchgebiet. Diane war verzweifelt.

»Ich wollte hier wieder Wölfe leben sehen. Darum habe ich im Programm mitgearbeitet. Aber alles, was ich tue, ist, für Kanonenfutter zu sorgen. Wir bekommen die Wölfe aus den Zoos und bringen sie hier im Gehege unter. Dann lassen wir sie frei, und zwei Tage später sind sie tot. Erschossen. Die Viehzüchter hier sind den Wölfen gegenüber extrem feindlich eingestellt. Wir haben im März mit der Wiederansiedlung begonnen. Bisher hat sich an der Einstellung der Nutztierhalter nichts geändert.«

Die Biologin fuhr fort: »Irgendwann muss einmal Schluss sein. Wir können doch nicht Wölfe um jeden Preis zurückbringen. Ich will nicht mehr in einem Projekt arbeiten, bei dem von vornherein klar ist, dass die meisten Tiere sterben werden. Was nützt uns die ganze Forschung, wenn die Wölfe von der örtlichen Bevölkerung nicht akzeptiert werden? Ohne Toleranz hat der Mexikanische Wolf keine Chance, dauerhaft zu überleben.« Kurze Zeit nach unserem Gespräch kehrte Diane nach Montana zurück.

Das Programm für den Mexikanischen Wolf gibt es auch heute noch. Und weiterhin wird die Mehrzahl der freigelassenen Tiere erschossen. Inzwischen hat man sogar eine Samenbank eingerichtet. Es ist geplant, Wölfinnen mit »gutem Genmaterial« in Zoos durch Hormonbehandlungen auf eine künstliche Befruchtung vorzubereiten.

Zeitgleich wird in Alaska davon gesprochen, Wölfe zu sterilisieren, um so ihre Population zu dezimieren.

Hormonbehandlung. Sterilisation. Wie weit wollen wir noch gehen? Wie viel Achtung und Würde wollen wir den Wölfen (und allen anderen Tieren, die wissenschaftlich erforscht werden) zugestehen? Sind die Informationen, die wir erhalten, die Beeinträchtigung des Lebens eines wilden Tieres wert?

Ich frage mich, ob es nicht besser wäre, wenn wir unser Unwissen akzeptieren und die Wölfe einfach ihr Leben leben lassen. Mir drängt sich der Gedanke auf, dass wir gerade mit der zu Forschungszwecken genutzten Telemetrie über diese Lebewesen herrschen. Das Recht, sie mit Marken oder Halsbändern auszustatten, wird nie infrage gestellt. Erfolge müssen her. Je aufwendiger die Technik, je prestigeträchtiger die Tierart, desto mehr Wissenschaftler und Studenten wollen sich profilieren. Forschungsprojekte, die keine Telemetrie verwenden, werden oft gar nicht mehr ernst genommen. Die beiden Primatenforscherinnen Jane Goodall und Dian Fossey, die immer wieder auf die moralische Verantwortung der Forschung für das Wohlergehen der Tiere hingewiesen haben, waren stets massiver Kritik von Kollegen aus der Wissenschaft ausgesetzt.

Forschung und Wildtiermanagement hinterlassen für mich immer noch mehr Fragen als Antworten. Die Tiere, die wir erforschen, sind von uns abhängig. Wir sind für ihr Wohlergehen verantwortlich. Darum ist es unsere ethische Pflicht, ihnen keinen Schaden zuzufügen.

Ideal wäre es, wenn man so viele Daten wie möglich mit so wenig Eingreifen wie nötig erhalten könnte. Das Problem ist, dass wir schnelle Ergebnisse wollen – und diese manchmal auch gefordert sind. Meist vergeben Regierungen Forschungsaufträge aus einer akuten Notwendigkeit heraus, beispielsweise wenn entschieden werden muss, ob der Artenschutz für eine

Tierart eingeschränkt oder aufgehoben werden muss. Dann müssen möglichst schnell Ergebnisse und Lösungsvorschläge her. Das setzt auch die Forscher unter Druck.

Aber egal, wie sehr wir uns auch bemühen, die Dinge anzutreiben, die Antworten kommen oft nur langsam. Manchmal denke ich, dass es den Wölfen Spaß macht, die Forscher an der Nase herumzuführen. Ganz nach dem Motto: Ihr denkt, ihr wisst über uns Bescheid, dann passt jetzt mal genau auf.

Ich kann tausendmal das Verhalten von Wölfen beobachten und endlich freudig zu dem Schluss kommen: »Wölfe verhalten sich so!« Endlich eine konkrete Aussage für die Lehrbücher. Und was passiert? Beim tausendundersten Mal dreht sich der Wolf um und verhält sich völlig anders.

Das ist das Faszinierende an ihnen. Man ist sich nie sicher, was passiert, und muss immer mit dem Unvorhersehbaren rechnen.

Als ich in Wolf Park anfing, Gehegewölfe zu beobachten, wurde ich belächelt, weil ich über ihre Gefühle sprach. Heute lacht niemand mehr. Die meisten Wissenschaftler sind inzwischen bereit, Emotionen und Gefühle bei Tieren anzuerkennen. Aber behandeln wir sie deshalb besser? Hat sich die Forschung durch die neuen Erkenntnisse geändert? Ich kann diese Frage nicht beantworten, weil sich die Umstände drastisch geändert haben.

Die Forschung an den Gehegewölfen in Wolf Park war um einiges leichter. Die Wölfe hatten einen festen Tagesablauf, wurden gefüttert und mussten sich nicht wie ihre wilden Verwandten auf ständig neue Situationen einstellen. Ihr Verhalten zu beobachten war – nicht nur durch die Beobachtungsnähe – deutlich einfacher als bei den wilden Wölfen. Aber die wirklich großen Fragen konnten wir in Wolf Park nicht beantworten: Wie stabil ist eine Wolfspopulation? Wann wandern einzelne Wölfe wohin ab? Sind sie eine Bedrohung für Beutetierpopulationen? Wie wirken sich Krankheiten auf das Überleben der Wölfe aus?

Um solche Fragen zu beantworten, wird man letztendlich

nicht um Forschungsprojekte herumkommen, die relativ schnell Antwort geben. Dann rückt oft das Prestige eines Forschungsprojektes und die Bedeutung der Gelder, die dabei fließen, in den Vordergrund.

Ich stecke in einem Dilemma. Jeder Kritiker kann mir vorwerfen, dass ich als Nicht-Biologin sowieso keine Ahnung von der Bedeutung der Forschung habe. Da mag er recht haben. Aber nach fast zwanzig Jahren Beobachtung von wilden Wölfen bin ich der Auffassung, dass Wölfe mitfühlend handelnde Lebewesen mit individuellen Persönlichkeiten sind, die Besseres verdienen. Sie verdienen es, auch in der Forschung mit Respekt behandelt zu werden und nicht als Studienobjekte. Das Manifest der Tiere ist einfach und direkt: Behandle uns besser oder lass uns in Ruhe.

Renée Askins, die Frau, die mit dem Wolf Fund den Grundstein für die Rückkehr der Wölfe nach Yellowstone gelegt hatte, sagte einmal: »Wir brauchen ein anderes, vernünftigeres und vielleicht mystischeres Verständnis für Tiere. Der Natur entfremdet und abhängig von hochentwickelter Technologie, betrachten wir sie durch das Brennglas unserer Wissenschaft, sehen das Bild verzerrt. Wir bedauern sie wegen ihrer vermeintlichen Unvollkommenheit, wegen ihres ›tragischen Schicksals‹, uns, der Krone der Schöpfung, weit unterlegen zu sein. Doch darin irren wir, irren wir sehr. Tiere lassen sich nicht am Maßstab der Menschen messen. Sie bewegen sich perfekt in einer Welt, die älter und ausgereifter ist als die unsere, erbringen Sinnesleistungen, die wir verloren oder nie entwickelt haben, und dürfen auf Stimmen vertrauen, die wir niemals hören werden. Sie sind uns weder Geschwister noch Diener; sie gehören anderen Völkern an, sind mit uns jedoch verstrickt im Netz aus Sein und Zeit, sind Mitgefangene auf dieser so prächtigen und leidvollen Erde.«

»Da! Da! Da ist er!«, schrie Katrin neben mir auf. »Casanooo-
vaaaa!« Die Touristen und Fotografen, die bisher in entspannter Konversation zusammengestanden waren, schreckten
hoch und stürzten an ihre Spektive, Ferngläser und Kameras.
Der Star des Lamar Valley hatte seinen Auftritt. Fehlte nur
noch, dass er Autogrammkarten aus dem schwarzen Pelz hervorzauberte und an seine Fans verteilte.

Katrin war aus Deutschland nach Yellowstone gekommen,
um wilde Wölfe zu sehen. Dass ausgerechnet Casanova als
erster Wolf seine Aufwartung machen würde, damit hatte sie
nicht gerechnet. Aufgeregt hüpfte sie von einem Bein auf das
andere. »Ich hab ihn gesehen! Ich hab ihn endlich gesehen!«
Kameras klickten, und Katrin war kurz vor einer Ohnmacht.
Für sie hatte sich die Reise nach Yellowstone schon jetzt ge-
lohnt. Sie hatte einen Blick auf den berühmtesten Wolf des
Nationalparks werfen dürfen.

Katrin tut es. US-Präsident Barack Obama hat es getan;
ebenso Ex-Präsident Bill Clinton. Ich tue es ebenfalls und mit
mir zwanzigtausend Besucher jährlich: Wolfwatching in Yellowstone. Wir alle folgen den Wölfen wie Groupies den Rock-
stars. Fast jeder, der mehr als einmal hierherkommt, hat eine
Geschichte, die er erzählen kann. Für manche ist das Erlebnis,
einen Wolf zu sehen, ein Wendepunkt im Leben.

Um dies zu erleben, muss ich neuntausend Kilometer nach
Yellowstone fliegen. Zwar gibt es Wölfe auch in Deutschland,
der Schweiz, Italien, Polen, Spanien und einigen anderen europäischen Ländern. Aber dort ist es kaum möglich, die scheuen
Tiere zu beobachten.

Yellowstone ist der einzige Ort auf der Welt, wo man von

der Straße aus fast täglich Wölfe sehen kann. Das ist eine Sensation.

Vor zehn Jahren habe ich angefangen, Interessierte zu meinen Wolfsbeobachtungen mitzunehmen. Ein- bis zweimal jährlich biete ich Wolfsreisen für sehr kleine Gruppen an. Die Nachfrage ist enorm. Die neuntägigen Reisen sind teuer und auf vier Teilnehmer beschränkt, die eine Art »Auswahlverfahren« bestehen müssen. Dennoch sind die Touren zwei bis drei Jahre im Voraus ausgebucht. Die meisten erfüllen sich mit der Teilnahme einen Lebenstraum. So wie Katrin, Sabine, Rolf und Henning, die mit mir im letzten Winter unterwegs waren.

Als ich die vier in Bozeman am Flughafen abholte, hatten sie fast sechzehn Stunden Flug und fünf Stunden Wartezeit in Denver hinter sich. Von gemütlichen zehn Grad plus waren sie in nächtliche fünfundzwanzig Grad minus katapultiert worden. Kälte, Jetlag und Müdigkeit. Jetzt wollten sie nur noch ins Hotel. Die Weite und Schönheit von Montanas Big Sky Country würden sie erst morgen nach dem Aufstehen sehen.

Am nächsten Morgen trafen wir uns zum Frühstück. Alle hatten sich schon ein halbes Jahr vorher in Deutschland kennengelernt. Zu diesem Vortreffen werden alle eingeladen, die sich für eine solche Tour »bewerben«. Aus ihnen wähle ich dann die vier Teilnehmer aus, die für die Reise geeignet sind und am besten zusammenpassen.

»Wie entscheidest du, wer mit darf und wer nicht?«, werde ich oft gefragt. Ich kann es nicht sagen. Es ist eine reine Bauchentscheidung. Nach fast dreißig Jahren, in denen ich im Nebenjob Reisegruppen geleitet habe, weiß ich aus Erfahrung, wer für eine solche Tour geeignet ist. Leidensfähigkeit und viel Geduld sind die Hauptkriterien. Stundenlang bei eisiger Kälte auf Wölfe warten. Keine regelmäßigen Mahlzeiten. All dies müssen die Teilnehmer auf sich nehmen, um einmal im Leben einen Wolf in seinem natürlichen Umfeld zu sehen. Und dass sie Wölfe sehen werden, kann ich garantieren. Die Tage, an denen ich *keine* Wölfe gesehen habe, kann ich an einer Hand abzählen.

»Seid ihr bereit für die Wölfe?«, fragte ich meine Gruppe nach dem Frühstück. Eifriges Nicken. Viele von ihnen waren schon lange wach und konnten es kaum erwarten, bis es endlich losging. Sie packten ihr Gepäck in den Kofferraum des Allrads und stiegen ein. Lange hatten sie auf diesen Moment gewartet: Sabine, dreiundvierzig, besitzt ein Hotel am Edersee, das im Winter geschlossen ist. Vom Wolfsgehege im Nationalpark Kellerwald auf der gegenüberliegenden Seite des Sees kann sie nachts das Heulen der Wölfe hören.

Katrin und Henning outeten sich beim Vortreffen schon durch die zahlreichen Aufkleber auf ihrem Landrover als Wolfsfans. Die vierzigjährige Kinderkrankenschwester und der einundvierzigjährige Ingenieur leben in der Nähe von Magdeburg. Sie sind viel in den osteuropäischen Wolfsgebieten unterwegs, hatten aber bisher noch keinen Wolf gesehen.

Rolf, achtundvierzig, ist Maurer und arbeitet im Sommer Überstunden, um die Winter in Yellowstone verbringen zu können. Der Wittgensteiner war schon viermal mit dabei. Seine scharfe Beobachtungsgabe hat ihm den Beinamen »Adlerauge« eingebracht.

Wir machten uns auf den Weg. In Livingston verließen wir die Autobahn und fuhren durch das Paradise Valley nach Süden. Bilderbuchwetter. Blauer Himmel. Links die weißen Gipfel der knapp viertausend Meter hohen Absaroka Range, rechts der Ausblick auf die Gallatin Range. Wir fuhren entlang des Yellowstone River, der mächtige Eisschollen vor sich herschob. An den durch den warmen Untergrund eisfrei bleibenden Stellen saßen Weißkopfadler auf den Bäumen. Gabelböcke und Wapitihirsche grasten friedlich nebeneinander an schneefreien Stellen. Meine Insassen kamen aus dem Staunen nicht mehr heraus.

»Glaubt nur ja nicht, dass ich hier gleich beim ersten Hirsch schon einen Fotostopp mache. Dann kommen wir nie vorwärts«, warnte ich scherzhaft mein Grüppchen.

Natürlich hielt ich beim ersten Hirsch an. Und auch der erste Bison war stets etwas ganz Besonderes, selbst wenn noch Hunderte andere vor viel schöneren Motiven kamen. Niemand erinnerte sich später mehr an den x-ten Bison oder Hirsch, aber alle Yellowstone-Touristen wissen noch, wo sie ihr erstes wildes Tier gesehen haben.

Wir fuhren weiter, vorbei am kleinen Ort Emigrant, wo Robert Redford »In der Mitte entspringt ein Fluss« und Teile vom »Pferdeflüsterer« gedreht hatte, durch den Yankee Jim Canyon bis nach Gardiner, dem nordöstlichen Tor des Yellowstone-Nationalparks. Schnelles Einchecken im Hotel.

»Zieht euch warme Sachen an«, warnte ich. Schon standen alle wieder am Auto, begierig, die ersten Wölfe zu sehen.

Im kleinen Schalterhäuschen am Parkeingang zeigte das Thermometer minus zehn Grad, also recht warm für diesen Januartag.

Yellowstone hatte für die deutschen Gäste sein schönstes Winterkleid angezogen. Schon lange hatte es nicht mehr so viel Schnee gegeben wie im Winter 2009.

Als Katrin Casanova entdeckte, waren wir gerade erst zwei Stunden und unzählige Hirsch- und Bisonstopps unterwegs. Wir waren auf einen kleinen Hügel im Revier der Agate-Wölfe gestiegen, um einen besseren Überblick zu haben.

»Achtet auf die Hirsche«, erklärte ich.

»Wenn sie entspannt im Schnee liegen oder fressen, dann sind wahrscheinlich keine Wölfe in der Nähe. Stehen sie eng gedrängt in einer Gruppe und schauen alle in dieselbe Richtung, dann könnte dort etwas sein.«

Alle schauten gespannt mit dem Fernglas – bis Katrin rief. Casanova war unterwegs. Jetzt in der Paarungszeit war der wölfische Schwerenöter weit entfernt von seinem Heimatrevier auf Brautschau und verschwand so schnell, wie er auftauchte war. Dafür erklang ganz in der Nähe Wolfsheulen aus zahlreichen Kehlen. Wir suchten vergeblich. Ein paar kleinere

Kojoten fielen mit ihren hellen Stimmchen in den Chor ein. Meine vier Wolfsgroupies standen starr mit aufgerissenen Augen. Katrin und Sabine hatten Tränen in den Augen.

Jeder, der zum ersten Mal in der Wildnis das Heulen von Wölfen hört, ist bewegt. Viele weinen. Der Klang scheint unsere Seele zu berühren. Etwas in unserem tiefsten Inneren. Eine Erinnerung an ein uraltes Leben, als wir noch mit der Natur verbunden waren. Eine Mischung aus Ehrfurcht, Freude und Angst.

Wann immer ich Gäste habe, denen ich die Wölfe zeige, bin ich dankbar, dass ich diesen Klang mit ihnen teilen kann. Ich sehe in die Augen der Menschen, die zum ersten Mal einen Wolf heulen hören, und weiß, dass wir alle noch tief in uns mit der Natur verbunden sind, egal, wie technisiert unser Leben auch ist.

Am nächsten Tag erlebten wir einen Kälterekord. Das im Auto eingebaute Thermometer blieb bei minus dreißig Grad stehen und ging kein Stück weiter runter, was mir merkwürdig vorkam, da es viel kälter zu sein schien. Wenn die Nase zuklebt und sich Eis an den Wimpern bildet, *muss* es kälter sein. Ich machte mich auf die Suche nach einem anderen Außenthermometer und fand schließlich eines am Hotel: minus vierzig Grad! Das war auch mein persönlicher Kälterekord in Montana. Das Auto tat sich schwer mit dem Starten, und die Landschaft lag wie erstarrt. Die Bisons ließen sich einschneien und bewegten sich kaum noch. Dann kam über Funk die Meldung, dass die Druids zu sehen waren – ausgerechnet von Dorothys aus, einem Aussichtspunkt, der Wind und Wetter am stärksten ausgesetzt ist. Aber unermüdliche Wolfsbeobachter wie uns konnte auch das nicht schrecken.

Ich war mit meinen Mukluks gut gerüstet. Jetzt kamen die kleinen Handwärmer zum Einsatz, die wir gestern noch im Mammoth-Shop gekauft hatten. In die Handschuhe gesteckt, halten sie den ganzen Tag die Hände warm. Die Ausrüstung wurde deutlich schwerfälliger. Zum Glück fror bei meinem

Zeiss-Spektiv das Okular nicht zu, aber Feineinstellungen ließen sich jetzt auch nicht mehr regulieren.

Meine vier Wolfsfans froren – und waren begeistert. Jetzt konnten sie zu Hause erzählen, dass sie minus vierzig Grad überlebt hatten. Mit den tief in die Stirn gezogenen Mützen und dem Gesichtsschutz, den sie trugen, hätten sie keine Bank betreten können, ohne einen größeren Polizeieinsatz auszulösen.

Den Wölfen machte die Kälte nichts aus. Während ihnen der Schnee teilweise bis zum Bauch reichte, zogen sie auf der anderen Seite des Tals den Berg hinauf. Mit ihrem dichten Winterfell sahen sie wunderschön aus. Gelegentlich spielten die Jungwölfe miteinander oder trödelten umher, bis sie dann schnellstens wieder Anschluss an die Gruppe suchten. Unterhalb der Bergkuppe verteilten sie sich und warfen dabei immer einen Blick auf die Hirsche, die sich über ihnen schon zusammengruppiert hatten. Aber die acht Hirschbullen mit ihren riesigen Geweihen waren dann doch nicht ihr Fall. Keine Chance für die Wölfe! Sie zogen weiter, offensichtlich hungrig, denn auf dem nächsten Bergkamm machten sie einen erneuten Versuch, sich am »Natur-Buffet« zu bedienen. Diesmal hatten sie es auf eine Gruppe Dickhornschafe abgesehen, die sich am Rand der Klippen zusammendrängten. Auch hier mussten sie aufgeben – was soll man schon machen, wenn man die Wahl hat, zwischen der Aussicht auf einen fetten Happen Dickhornschaf und dem wahrscheinlichen Absturz von einer steilen Bergklippe? Schließlich verloren wir die Druids aus den Augen.

Es war Zeit für ein erstes heißes Frühstück. Wir fuhren nach Cooke City ins Bistro. In dem gemütlichen Blockhaus-Café prasselte der Kamin, und Richard, der Eigentümer, goss, ohne zu fragen, die großen Kaffeebecher voll. Richard ist in der französischen Schweiz geboren und hat lange in der Karibik gelebt. Seit Jahren schon versucht er vergeblich, das Café zu verkaufen, um wieder zurück in ein wärmeres Land zu ziehen. Er freut sich immer, wenn ich mit deutschen

Gästen komme und er seine Sprachkenntnisse auffrischen kann.

Während wir uns bei einem typisch amerikanischen Frühstück mit Eiern, Speck und Bratkartoffeln stärkten, fiel draußen der Schnee in dicken Flocken. Wer so wie ich schneesüchtig ist, braucht nur nach Cooke City zu fahren. Dort türmt sich die weiße Pracht bis unter die Dächer der Häuser. Gerade im Winter verfügte der Ort über einen wundervollen Charme – wenn nicht die Schneemobile wären. Auf der Hauptstraße drehten sie mit lautem Knattern ihre ersten Aufwärmrunden, während ein paar Hunde flink auswichen. Benzindunst lag in der Luft. Für Cooke City waren die Schneemobilfahrer – neben den Wolfsbeobachtern – die wichtigste Einnahmequelle.

Seit ihrer Wiederansiedlung sind die Wölfe zum größten Tourismusfaktor in Yellowstone geworden. Die Menschen kommen aus der ganzen Welt und lassen viel Geld hier. Die kleinen Hotels und Motels in Cooke City und Gardiner müssen nun nicht mehr während der Monate April, Oktober und November schließen. Dank der Wolfsbeobachter sind sie ganzjährig geöffnet – und meist ausgebucht. Gerade in der Nebensaison kommen viele Besucher, um Wölfe und Bären zu beobachten. Sie halten mehr als zwölf Stunden am Tag nach ihnen Ausschau. Die Wolfsfans übernachten nicht nur im oder am Park, sie gehen essen und kaufen T-Shirts, Wolfsposter oder Wolfstassen in den Souvenirläden und Galerien – ganz zu schweigen von Fotoapparaten, Filmkameras und Ferngläsern. Nach einer Studie aus dem Jahr 2006 gibt ein Wolfsbeobachter etwa hundertsechzig Dollar pro Tag aus. Die Wölfe bringen so jährlich eine geschätzte Mehreinnahme von fünfunddreißig Millionen Dollar Steuereinnahmen in die Staatskasse von Montana und sieben bis zehn Millionen Dollar in die umliegenden Gemeinden.

Natürlich tragen auch Sabine, Katrin, Henning und Rolf zu diesen Mehreinnahmen bei. Beim Vortreffen hatte ich empfohlen, eine leere Reisetasche in den Koffer zu packen.

»Ihr werdet sie brauchen!«

Schon am ersten Tag waren die vier beim Einkauf von »Fanartikeln« kaum zu bremsen. Dabei würde es sicher nicht bleiben. Aber auch mit dem Geld, das sie für diese Reise bezahlt hatten, unterstützen sie direkt das Yellowstone-Wolfsprojekt, denn vom Gewinn gehen zwanzig Prozent an die gemeinnützige Yellowstone Park Foundation, die auch die Hälfte des Honorars von Rick McIntyre bezahlt (die andere Hälfte wird vom Nationalpark Service übernommen).

Frisch gestärkt machten wir uns wieder auf den Weg zurück nach Yellowstone. Zuvor stoppten wir in der Galerie »Wildlife of the Rockies« in Silver Gate. Das kleine Blockhaus gehört dem Fotografen Dan Hartmann, dessen Bilder schon in zahlreichen Magazinen von National Geographic erschienen sind. Ich unterstütze Dan und seine Arbeit, weil ich weiß, dass er als Fotograf sehr rücksichtsvoll arbeitet. Das ist leider keine Selbstverständlichkeit mehr. Mit den Wölfen kamen auch ihre Paparazzi, Fotografen, die alles für ein gutes Wolfsfoto tun – leider oft auf Kosten der Wölfe.

So kann es passieren, dass Wölfe ein Tier reißen und nicht zum Fressen am Kadaver kommen können, weil die Fotografen ihn schon belagern. Oder ein Wolf versucht, die Straße zu überqueren, um Futter zu seinen Welpen zu bringen, und wird durch Fotografen daran gehindert.

Ich habe große Probleme, mit einem solchen Verhalten umzugehen. Spreche ich die Fotorüpel direkt darauf an, ernte ich nur böse Blicke. Ich habe eigentlich nicht das Recht, ihr Verhalten zu kritisieren. Das ist Aufgabe der Parkranger, die unterbesetzt, überarbeitet und selten zur Stelle sind, wenn sie gebraucht werden. Doch es gibt einfach zu wenig Personal, und der US-Regierung mangelt es an Geld, um aufzustocken.

Sanftmut und Gelassenheit sind Lektionen, die ich noch dringend lernen muss. In solchen Momenten versuche ich mich daran zu erinnern, dass ich das Verhalten anderer nicht ändern kann. Die Wölfe zeigen mir, dass es auch anders geht.

Sie passen sich an, so wie sie es immer tun. Sie überqueren die Straße an einer unübersichtlichen Stelle oder warten, bis es dunkel wird. Und sie bringen ihrem Nachwuchs bei, wie man sich in der Nähe dieser aufdringlichen Zweibeiner verhalten muss.

Natürlich sind nicht alle Fotografen gleich. Es gibt genügend Profis, die rücksichtsvoll sind und eher auf ein Foto verzichten, als einen Wolf zu stören. Diese Fotografen unterstütze ich, indem ich ausschließlich deren Fotos für meine Bücher verwende.

Dan und seine Frau Cindy gehören zu den Fotografen, die ethisch arbeiten. Neben Wölfen und Bären hat sich Dan besonders auf Eulenvögel spezialisiert. Es gibt kaum ein Eulennest in Yellowstone, das er nicht kennt. Cassie, eine seiner beiden Töchter, fotografiert, seit sie zehn Jahre alt ist. Das zierliche stille Mädchen hat schon mehrere Auszeichnungen für ihre Fotos erhalten. Die Hartmanns haben ein Zimmer ihres gemütlichen Blockhauses zur Galerie umgebaut. Kommen Besucher, schiebt Dan die beiden kleinen Fenster nach oben und zeigt ihnen die Tiere, die vom ausgestreuten Futter fressen: Eichhörnchen, zahlreiche bunte Häher wie Meisenhäher, Diademhäher, Kiefernhäher, Dutzende Gambelmeisen, Kanadakleiber und Carolinakleiber und mitunter sogar ein Marder lassen sich blicken und bieten den Besuchern manch gutes Motiv. Wenn man Glück hat, läuft auch einmal ein Elch durch den Garten der Hartmanns.

Als Dan in einer Schule in Gardiner einen Vortrag über seine Arbeit hielt, war ich eingeladen. Die Kinder und Jugendlichen wollten wissen, wie man Tierfotograf wird. Ganz in seinem Element, fragte Dan die Kinder, was denn ihrer Meinung nach das wichtigste Handwerkszeug für einen Tierfotografen sei.

»Ein Fotoapparat«, kam die logische Antwort wie aus der Pistole geschossen.

»Irrtum.« Jetzt begann Dan zu flüstern.

»Es ist das Gehör. Ihr müsst hören, was um euch herum

passiert. Einen Vogel, der auffliegt. Ein Rascheln im Gebüsch. Den Schrei eines Hähers. Das alles zeigt euch, ob da draußen vielleicht noch etwas anderes ist.«

Die Kinder hingen gebannt an seinen Lippen, während der Fotograf weiter von seinen Abenteuern mit Wölfen und Bären erzählte. Wir alle konnten miterleben und fühlen, dass da ein Mann stand, der seinen Beruf über alles liebte.

Die Zeit in Dans Galerie verging wie im Flug. Inzwischen war Jeff Hogan, ein BBC-Tierfilmer, eingetroffen. Gemeinsam mit Dan wollte er für einen neuen Film Otter suchen. Wir verabschiedeten uns.

Mit einem um einige Wolfssouvenirs volleren Wagen ging es wieder zurück ins Lamar Valley. Über Funk erfuhren wir, dass die Druids erneut ihre Aufwartung machten. Wir fuhren ins Slough-Creek-Gebiet und kletterten auf Daves Hill, einen kleinen Hügel, der den besten Rundumblick bot. Dort hatten sich schon etwa zwanzig Wolfwatcher versammelt. Alle warteten gespannt und suchten mit den Ferngläsern nach »sich bewegenden Punkten«. Und dann tauchten sie auf. Einer nach dem anderen.

Unter den deutschen Wolfsfans war es mit der Ruhe vorbei. Aufgeregt begann jeder, laut mitzuzählen:

»Ich seh sie!«, rief Henning und freute sich, dass er Rolf seinen Titel »Adlerauge« streitig machen konnte.

»Ich auch, ich auch«, schrie Rolf.

»Ooohhh!« und »Ach, ist das aaauuufregend«, kam es von den Mädels.

Und als Rick über Funk die genaue Anzahl der Wölfe wissen wollte, begannen alle laut zu zählen.

»Ich seh nur einen – nein zwei!«

»Da kommen noch zwei von links.«

»Jetzt sind die anderen wieder weg.«

»Drei – vier – fünf – sechs – sieben ... Wo sind denn jetzt die anderen hin?«

»Seid doch mal still, ich versteh gar nichts mehr.«

Rick monierte die schlechte Verständigung und bat Bob

Wiltermood, ihm die Zahlen durchzugeben. Bobs Dachantenne verfügte über eine deutlich weitere Reichweite. Keiner von uns wagte, die Augen vom Spektiv zu nehmen, um die Wölfe nicht zu verlieren. Kathie stand zwischen Bob und mir.

Kathie: »Ich habe jetzt zwei schwarze und vier graue.«

Ich zu Bob: »Sag Rick: zwei schwarze und vier graue.«

Bob: »Rick! Zwei schwarze und vier graue.«

Sabine schaute mit großen Augen von Kathie zu mir, zu Bob und wieder zu mir und zu Kathie und sagte treffend: »Das ist hier wie bei der stillen Post!« Nur dass es ganz und gar nicht still war.

Unser Adrenalinspiegel stieg in ungeahnte Höhen. Hinzu kam, dass hinter uns, westlich vom Höhlengebiet der Sloughs, noch drei Wölfe einer anderen Wolfsfamilie auf einem Hügel lagen und alles verschliefen. Ihr Heulen, als sie aufwachten, ging völlig in der aufgeregten Druid-Zählerei unter.

Am Ende hatten wir insgesamt dreizehn Druids (acht schwarze und fünf graue), die komplette Gruppe. Kurz bevor der letzte Rest Tageslicht endgültig verschwand, versammelten sich alle Wölfe noch einmal auf dem Berg. Schwanzwedeln, Mundwinkellecken, Herumtänzeln.

Dann versuchte der schwarze Druid-Leitwolf, die graue Leitwölfin zu besteigen. Mehrmals sprang er auf sie auf – und rutschte wieder herunter. Als er einmal länger oben blieb, schrien einige der zweibeinigen Voyeure: »Jetzt paaren sie sich!«, um zwei Minuten später enttäuscht festzustellen, dass es mit der Zeugung des Druid-Nachwuchses doch nicht geklappt hatte. Die Chefin hatte heute offensichtlich andere Interessen, oder der Chef stellte sich ungeschickt an. Dieser Wolf brauchte immer ein wenig länger, bis er bereit war. Schon in den letzten Jahren musste er zahlreiche Anläufe nehmen, bevor es funktionierte. Wir schauten noch eine Weile zu. Als es Nacht wurde, verließen wir schweren Herzens unseren Beobachtungsposten und die Wölfe.

Für den nächsten Tag stand eine Winterwanderung auf dem

Programm. Wir wollten mit Schneeschuhen zum Rose-Creek-Gehege wandern. Das ist das einzige noch erhaltene Gehege, in dem die kanadischen Wölfe 1995 und 1996 zur Eingewöhnung untergebracht worden waren. Es wurde benannt nach dem Gebiet, in dem es liegt und durch das der kleine Rose Creek fließt. Die ersten Wölfe, die hier freigelassen wurden, waren folglich auch die Rose Creek-Wölfe. Als stählernes Denkmal für die Rückkehr der Wölfe liegt es tief in den Bergen versteckt. Ich bin immer wieder gern hier.

Ich fuhr auf den Parkplatz hinter der historischen »Buffalo Ranch«, einer Ansammlung von winzigen Blockhütten in der Mitte des Lamar Valley. Hier hat das Yellowstone Institute sein Quartier und hält Kurse ab zu allen erdenklichen Themen wie »Leben mit Wölfen in Wyoming«, »Wildblumen von Yellowstone«, »Karten und Kompass«, »Naturfotografie« oder auch »Winter-Ökologie«. Ich habe schon an einigen Kursen teilgenommen und stets sehr interessante Menschen getroffen. Und wo sonst gab es einen Klassenraum, von dem aus man Wölfe und Bären beobachten konnte?

Auf dem Parkplatz schnallten wir unsere Schneeschuhe an, denn von nun an gab es keine festen Wege mehr. Für alle, bis auf Rolf und mich, war es das erste Mal, dass sie Schneeschuhe trugen. Sabine fragte mit skeptischem Gesicht: »Ist dabei schon einmal jemand umgekommen?« und dachte wohl an die Haftungsbefreiung, die sie bei der Ausleihe unterschreiben musste. Unter großem Gekichere stapften wir auf einem schmalen, nur leicht ausgetretenen Pfad die Berge hoch. Je höher wir kamen, desto tiefer sanken wir ein – an manchen Stellen bis zu den Knien. Weil einige Bisons direkt auf unserem Weg lagen, mussten wir Umwege laufen. Zwar sahen die großen Ungetüme im Schnee friedlich aus. Aber ich hatte sie auch schon wütend erlebt und wollte es nicht darauf ankommen lassen. Immer wieder werden Bisons von Touristen unterschätzt und ihre Toleranz auf eine harte Probe gestellt. Vor einigen Jahren sah ich, wie ein Vater versuchte, seine kleine Tochter auf den Rücken eines grasenden Bisons zu heben, um ein Foto zu machen. Nur ein schneller Sprint zum glücklicherweise nahe stehenden Auto konnte ihn und das Kind noch vor dem wütenden Tier retten.

Wir hielten respektvollen Abstand und gingen ruhig weiter. Der eben noch breite Weg wurde immer schmaler und schlängelte sich weiter in die Höhe.

»Seht ihr den Baum dort?«, machte ich meine Gruppe auf tiefe Rillen in der Rinde eines Baumes aufmerksam.

»Das sind Kratzspuren von Bären.«

»Keine Sorge, die liegen jetzt in der Winterruhe«, konnte ich beruhigen. Da es aber in den letzten Jahren immer wieder einmal vorgekommen war, dass ein Grizzly vorzeitig seine Höhle verließ, weil es – dank der Wölfe – auch in dieser unwirtlichen Jahreszeit ein vielfältiges Nahrungsangebot gab, hatte ich sicherheitshalber mein Pfefferspray eingesteckt.

Wir kämpften uns weiter bergauf. Auf einer Anhöhe blieben wir stehen und blickten ins Tal, wo der Schnee unter der immer höher kletternden Sonne glitzerte. Weit unter uns lag die Buffalo Ranch. Hier fanden Ende des 19. Jahrhunderts die letzten fünfzig Bisons Zuflucht vor der Ausrottung. Dreißig bis sechzig Millionen Tiere waren getötet worden. Eine unfassbare Zahl, die mir immer wieder Angst macht vor dem Vernichtungswillen der Menschen. Aus diesen letzten geschützten Bisons gingen die heute in Yellowstone lebenden mehr als viertausend Tiere hervor, die einzigen genetisch reinen Nachkommen der großen Bisonherden.

Bisons haben mich schon immer fasziniert. Trotz ihrer Kraft und Stärke strahlen sie Ruhe und Sanftmut aus. Wie oft beobachte ich sie, wenn sie sich liebevoll um ihre Kälber kümmern. Staune erschrocken, wenn im Sommer während der Brunftzeit der Boden unter ihnen bebt und die Luft von tiefem Grollen tönt. Halte ehrfürchtig den Atem an, wenn eine Bisonfamilie einem verstorbenen Mitglied den letzten Respekt erweist und sich mit gesenkten Köpfen um das Tier aufstellt. Viel zu wenig wissen wir noch von dem komplexen Sozialleben dieser Tiere aus prähistorischer Zeit.

Die aufsteigende Sonne wärmte uns. Nach und nach zogen alle ihre warmen Jacken aus.

»Reibt euch bitte mit Sonnencreme ein, und trinkt genügend Wasser«, riet ich allen.

»Ja, Mami«, scherzten sie zurück.

Nur zu leicht vergisst man, dass man sich hier auf zweitausendfünfhundert Metern Höhe befindet. Das Gehen mit den Schneeschuhen strengte uns alle an, und wir machten immer häufiger Pausen. Noch ein kleiner Hügel, dann erreichten wir den kreisrunden Stahlzwinger. Die Sonne hatte einen Teil des Schnees aufgetaut. Wir zogen die Schneeschuhe aus, öffneten das Tor und gingen hinein. Die hölzernen Hütten, die ursprünglich als Schutz für die Wölfe gebaut worden waren, zerfielen langsam. Die Wölfe hatten sie nur als Aussichtsplattform genutzt. An einigen Stellen, wo die Sonne den Schnee geschmolzen hatte, waren noch ein paar ausgeblichene Hirschknochen zu sehen.

Das Rose-Creek-Gehege ist die letzte Erinnerung an die ersten Wölfe, die Yellowstone-Boden betraten. Es ist im Laufe der Zeit eine Art »Kultstätte« für uns Wolfsbeobachter geworden. Als einmal Pläne der Parkverwaltung bekannt wurden, das Gehege abzureißen, gab es einen Proteststurm der Wolfsfans. Hier war die »Geburtsstätte« der Yellowstone-Wölfe. Hier hatte alles angefangen.

Wir setzten uns zusammen, und ich erzählte noch einmal die Geschichte der Wiederansiedlung und Episoden von einzelnen, ganz besonderen Wölfen. Es herrschte eine eigenartige Stimmung. Andacht, Staunen, Ehrfurcht. Ich wusste, dass jetzt jeder mit seinen Gedanken für sich allein sein wollte. Alle suchten sich einen Platz, um zur Ruhe zu kommen.

Ich setzte mich unter eine dicke Fichte. Den Rücken an den Baum gelehnt, hatte ich einen weiten Blick über die umliegenden Berge. Wie immer, wenn ich hierherkam, überfluteten mich die »Nähe« zu den Wölfen und die Erinnerung an ihren Aufenthalt im Gehege mit Gefühlen und Fragen.

Wie mag sich wohl ein Wolf gefühlt haben, als er hierherkam? Herausgerissen aus seiner Familie, betäubt, von menschlichen Händen vermessen und gewogen, eingesperrt in einen engen, dunklen Käfig. Transportiert unter ohrenbetäubendem Lärm, bis sich schließlich die Käfigtür öffnet und er sich erneut in Gefangenschaft befindet. Verzweifelt versucht er, der fremden Welt zu entkommen. Fort von diesen schrecklichen Gerüchen der Zweibeiner. Aber es gibt keine Fluchtmöglichkeit. Kletterversuche scheitern am Überhang des Zauns. Am Gitter beißt er sich die Lefzen blutig, aber der Zaun gibt nicht nach. Schließlich gibt er auf und tut das, was Tiere schon immer getan haben, um zu überleben: Er passt sich an. Er läuft immer wieder denselben Pfad am Rand des Zauns entlang. Eine schmale, ausgetretene Spur, auf der keine Vegetation mehr wächst, zeugt heute noch davon. Der Wolf gründet eine neue Familie. Frisst das Futter, das ihm die Zweibeiner bringen. Schaut auf die großartige Landschaft, die vor ihm liegt. Ob Wölfe von Freiheit träumen? Wissen sie überhaupt, was das ist?

Ein Rabe musterte uns neugierig und mit zur Seite gelegtem Kopf vom Zaun herab. Die Raben von Yellowstone sind für ihre Klugheit bekannt und dafür berüchtigt, dass sie gelernt haben, Kletterverschlüsse an Rucksäcken zu öffnen, um an Futter zu kommen. Bei mir hatte er wenig Chancen, denn ich hatte mein Picknick schon verzehrt. Ich hätte ihn ohnehin nicht gefüttert.

Der Rabe saß genau dort, wo der Maschendraht geflickt war. Als man im März 1995 nach sechs Wochen Gefangenschaft die Türen des Rose-Creek-Geheges öffnete, um die Wölfe freizulassen, verließ kein Tier sein Gefängnis. Sie hatten viel zu viel Angst vor dem Tor, durch das die Menschen stets das Futter gebracht hatten. Erst als die Biologen nach zwei Tagen das Gitter in der hinteren Ecke des Geheges aufschnitten, taten die Wölfe ihre ersten Schritte in die Freiheit.

Ich schaute hinüber zu meiner Gruppe. Katrin saß auf einem umgestürzten Baum. Sie war in Gedanken versunken. Henning ging seiner Lieblingsbeschäftigung nach: Er fotografierte Eichhörnchen. Die kleinen Nager hatten es ihm angetan. Hatte er eines entdeckt, verlor er oft jedes Zeitgefühl, was dazu führen konnte, dass ich ihn von einem Eichhörnchen buchstäblich losreißen musste, damit wir rechtzeitig bei den Wölfen waren. Verrückte Welt.

Sabine schaute mit verklärtem Blick in die Ferne. Und »Adlerauge« Rolf hielt mit dem Fernglas schon wieder Ausschau nach Tieren. Sie alle würden diesen magischen Ort nie mehr vergessen.

Ich freute mich mit ihnen. Das war es, wofür ich diese Wolfsreisen machte. Nicht allein, um den Menschen die Wölfe zu zeigen, sondern vor allem, um ihnen verständlich zu machen, dass Wölfe – ebenso wie wir – ein Teil des Ökosystems sind.

Und auch ich lerne viel von meinen Mitfahrern. In jeder Gruppe gab es Menschen, die besondere Fähigkeiten hatten, von denen wir alle lernen konnten. Da war Doris, die Geologin. Sie hatte die Gabe, große geologische Zusammenhänge so einfach und spannend zu erklären, dass wir niemals vergaßen, dass wir auf einem Supervulkan herumspazierten. Markus war unser Vogelexperte. Wir konnten fast sicher sein, wenn Markus durch sein Fernglas sah und ein langes »Wow!« ausstieß, dass er keinen Wolf meinte, sondern einen seltenen Vogel erkannte, den er auf seiner Liste abhaken konnte. Udo von der Leica Akademie gab uns einen Crashkurs in Sachen Blende und Tiefenschärfe. Und von den vielen, vielen Hundetrainern, die auf den Wolfsreisen mit dabei waren, erfuhren wir immer noch die eine oder andere Neuigkeit aus der Hundeszene, die sich dann gut am Beispiel des »Originals« diskutieren ließ.

Vor allem lerne ich von meinen Reiseteilnehmern Geduld, Toleranz und Akzeptanz. Manchmal testet der eine oder andere meine Grenzen, ganz so wie Jungwölfe bei ihren Eltern. Dann liegt es an mir, zu zeigen, was ich von den Wölfen in Sachen Führungsqualität gelernt habe.

Aber wenn ich sehe, wie meine Wolfsfans mit völlig verklärtem Gesicht den Wölfen zusehen oder wenn ihnen die Tränen in die Augen treten, wenn sie einen Wolf heulen hören, dann fühle ich eine tiefe Zuneigung in mir aufsteigen: Ich weiß genau, wie sie sich jetzt fühlen. In diesen Augenblicken fühle ich mich durch die Tiere mit ihnen verbunden. Und ich bin ihnen unendlich dankbar, dass ich es sein darf, die dieses Erlebnis mit ihnen teilt.

Mich fröstelte. Es war kalt und spät geworden. Wir hatten die Zeit vergessen. Als es wieder anfing zu schneien, machten wir uns auf den Rückweg. Nur noch schemenhaft nahmen wir die Umrisse der Buffalo Ranch wahr, als wir näher kamen.

Die Wölfe lieben den Schnee. Sie sind geradezu verrückt danach. Selbst bei minus dreißig Grad lassen sie sich ungerührt einschneien. Ihr dickes Fell schützt sie. Sie sind perfekt für dieses Leben ausgestattet. Wir dagegen waren froh, als wir wieder ins warme Auto steigen konnten.

Ein paar Tage später standen wir im Lamar Valley und beobachteten wieder die Druids, als ein gelber Schulbus voller Kinder und Jugendlicher in die Parkbucht fuhr. Die Blicke, die sich die Wolfsbeobachter zuwarfen, sprachen Bände. Jugendliche in der Gruppe = Desinteresse = Lärm = Anarchie. Aber schnell zeigte sich, dass wir uns geirrt hatten. Lehrer und Kinder stiegen lautlos und sehr diszipliniert aus und gesellten sich zu Rick, der ihnen einen Überblick über die Wolfsfamilie gab, die wir gerade beobachteten.

»Da sind tatsächlich Wölfe?«, wollten zwei schlaksige Vierzehnjährige wissen.

»Ja, seht selbst.« Wir luden sie ein, durch die Spektive zu schauen. Einer nach dem anderen trat heran und blickte durch das Objektiv den spielenden Druids zu.

»Wow!«

»Cool!«

»Die sind sooo schön«, seufzten die Mädchen.

»Echte Wölfe!«

Die Teenager waren fasziniert.

»Das sind ihre ersten Wölfe«, sagte die Lehrerin und bedankte sich für die Hilfe mit den Spektiven.

Als alle wieder abfuhren, schämte ich mich meiner Vorurteile und übte mich einmal mehr in Demut.

Ich gebe es zu – manchmal gehe ich zu hart mit Touristen ins Gericht. Den »perfekten« Touristen gibt es nicht. Ich habe unrealistische Ansprüche und arbeite immer wieder aufs Neue daran, im Umgang mit ihnen gelassener zu werden.

Nur wenn ich sehe, wie Menschen die Wölfe mit dem Auto verfolgen und daran hindern, die Straße zu überqueren, dann fällt es mir schwer, ruhig zu bleiben.

Jeder, der eine Zeitlang mit Touristen zu tun hat, wird irgendwann Stereotypen entwickeln. Aber auch die Parkbesucher kommen mit viel zu großen Erwartungen. Sie sind konditioniert durch alles, was sie bisher über Yellowstone gehört und gelesen haben – von Fernsehberichten, Reiseprospekten, Kindheitserinnerungen. Sie erwarten grandiose Dinge, je phantastischer, desto besser. Schließlich haben sie ja Bären und Wölfe vor der Linse mit bezahlt.

Wir Guides leiden schweigend und hoffen, dass wir ihnen vielleicht eines Tages doch noch das »wahre« Yellowstone zeigen können – was immer das auch ist.

Einer der Gründe, warum wir uns vor der Reise treffen, ist auch, unrealistische Erwartungen auf beiden Seiten abzubauen. Wir lernen uns kennen und haben schon während der langen Wartezeit bis zum Abflug ständigen Kontakt miteinander. Selbst Hausaufgaben gibt es. Die Teilnehmer sollen üben, Tiere und Örtlichkeiten zu beschreiben. Schließlich müssen sie ja in Yellowstone alle mitarbeiten und berichten, was sie wo sehen.

Dass das gar nicht so einfach ist, zeigte sich, als wir in der Parkbucht von Dorothys im Lamar Valley standen und konzentriert nach den Agate-Wölfen suchten, die hier irgendwo sein sollten.

Sabine: »Was war das da für ein Tier?«

»Wie? Wo?«

»Na das da … mit den Ohren!«

»Wo genau hast du was gesehen?«

»Na da … da! Bei dem Baum da …« Sabine zeigte auf einen Berghang voller Bäume.

Rolf kannte das schon von vorherigen Touren. Er sprang ein.

»Nun sag mal genau, wie viel Uhr?«

»???«

»Also wenn dieser große Baum auf der Ebene vor dir zwölf Uhr ist, auf wie viel Uhr war das Tier?«

»Halb drei!«

Wir hatten viel Spaß mit solchen Beschreibungen.

Wenn ich mit dem Spektiv an der Straße stehe und nach Wölfen suche, werde ich oft von Touristen angesprochen. So hielt ein Mann mit dem Auto an und kam aufgeregt auf mich zu.

»Ich habe da vorn einen Wolf gesehen.«

Ich weiß, wie leicht man Wölfe mit Kojoten verwechseln kann, und stelle darum zunächst einmal stets die gleichen Fragen:

»Ein Wolf? Sicher? Haben Sie schon mal einen Kojoten gesehen?«

»Ja, aber das war es nicht. Es war ein Wolf!«

»Welche Farbe hatte das Tier?«

»Schwarz.«

Klang gut. Jetzt hatte er mich.

Dann kam seine Frau dazu.

»Nein. Er war heller, irgendwie graubraun.«

»Hm. So genau hab ich ihn nicht gesehen. Ich musste ja fahren.«

Also doch ein Kojote. Enttäuscht zogen alle von dannen. Und wieder einmal war der Heilige Gral von Yellowstones Wildtiersichtungen – ein Wolf – nicht dabei gewesen.

Ein anderes Mal hielt ein großer Pickup mit vier jungen Leuten. Sie schalteten weder den Motor aus, noch reduzierten sie die Lautstärke ihrer Stereoanlage, als sie das Fenster herunterließen und der Fahrer laut zu mir herüber rief:

»Gibt's hier irgendwas zu sehen?«

Ich trat an das Auto heran und zeigte ins Tal: »Wölfe!«

Die beiden Mädels ließen sich beim Schminken nicht stören, während der Fahrer immer noch versuchte, die Stereoanlage zu überschreien.

»Wölfe? Wo?«

Ich gestikulierte in die entsprechende Richtung. Der Fahrer warf einen kurzen Blick ins Tal.

»Sooo weit? Nee, Kinder, hier is nix. Lasst uns fahren.« Übrig blieb nur noch der dumpfe Klang der Stereoboxen, als das Auto davonsauste.

Ob langjährige Wolfsbeobachter oder »Ersttäter« – wir alle sind hier, weil wir den Wunsch haben, einen wilden Wolf zu sehen. Haben wir dann das Glück, vergessen wir manchmal alle Regeln, die wir einhalten wollten – so wie Jutta bei der Wolfsreise im Winter 2004.

Die 43-jährige Angestellte arbeitete mit ihrem Schäferhund bei einer Rettungshundestaffel und war von Wölfen begeistert. Schweren Herzens ließ sie ihren Hund in der Obhut ihrer Eltern, um diese Wolfsreise mitzumachen. Stets rücksichtsvoll und darauf bedacht, nur ja niemanden zu stören – egal ob Mensch oder Tier –, war sie ein Vorbild für alle und mein ganzer Stolz. Dann kam der Tag, als Jutta alles vergaß und dem »Wolfswahn« verfiel.

Wir standen mit zahlreichen Fotografen in der Parkbucht von Footbridge und beobachteten über die kleine Fußbrücke hinweg, wie ein schwarzer Wolf mit heftigen Flirtversuchen versuchte, einige der Druid-Mädels von ihrer Familie fortzulocken. Es war Paarungszeit, und die Wölfe hatten kein Auge mehr für die Menschen, die sehr nah – und äußerst diszipliniert – nur wenige Meter von ihnen an der Straße standen. Die Fotografen hatten den Moment ihres Lebens und klickten, was der Akku hergab. Jutta war mit ihrer digitalen Filmkamera unterwegs und hatte in den letzten Tagen präzise jede Minute unserer Tour dokumentiert. Jetzt stand sie nah vor den Wölfen und war nicht mehr ansprechbar, so wie die meisten von uns. Dann begannen die Wölfe, nach Westen zu laufen und schickten sich an, etwa zweihundert Meter entfernt, die Straße zu überqueren. Jutta, deren Kamera am Auge festgewachsen schien, folgte ihnen. Sie marschierte einfach los, stieg über Hindernisse, lief die Straße entlang, beachtete keine Autos mehr und hatte nur noch ein einziges Ziel: Sie wollte die Wölfe nicht verlieren. Der Rest der Fotografen war stehen geblieben, um die Wölfe nicht zu stören und die Straße überqueren zu lassen. Jutta lief unverdrossen weiter. Als ich es bemerkte, war sie schon zu weit weg, um sie zurückzuholen. Ich versuchte noch, sie zu rufen.

»Jutta! Pssssst! Zurück!«, zischte ich. Vergeblich. Die Wölfe schienen unbeeindruckt von dem kleinen Menschlein mit dem dicken Auge, das ihnen folgte. Die Fotografen dagegen stöhnten, rollten die Augen und warfen mir strafende Blicke zu, weil Jutta ihnen das Motiv »verdarb«. Ich zuckte die Schultern und gab auf.

Dann schien unsere Filmerin aus ihrer Trance zu erwachen. Sie blieb stehen und überlegte.

»Plötzlich hab ich gemerkt, dass irgendetwas nicht stimmt«, erzählte sie später.

Dann drehte sie sich um und sah uns: Die Kavallerie der Fotografen aufgereiht in einer Linie, alle Objektive auf sie gerichtet. Ich – leicht versteckt – hinter ihnen. Wir konnten die Röte in Juttas Gesicht aufsteigen sehen. Nach einer kurzen Erstarrung kam sie im Eilschritt zurück.

»Sorry! So sorry!«, murmelte Jutta und errötete noch mehr.

Auf einmal fingen die vorher noch wütenden Fotografen an zu lächeln. Die kleine Filmerin gab ein solches Bild der Reue und des Jammers ab, dass sie vermutlich jeder gern in den Arm genommen und getröstet hätte – was ich schließlich auch tat. Wir alle erinnerten uns wieder daran, dass die Wölfe uns alles um uns herum vergessen lassen können. Wir verstanden Jutta, denn wir alle hatten schon einmal solche Momente gehabt und würden sie wahrscheinlich auch trotz größter Selbstdisziplin wieder haben.

Dieses Erlebnis machte auch mir zum wiederholten Mal die Faszination der Wölfe deutlich. Wir können nicht hierherkommen, Wölfe sehen und wieder zum Alltag übergehen. Wer einmal eine Begegnung mit einem solchen Tier hatte, wird nie wieder der sein, der er einmal war. Er wird verändert daraus hervorgehen. Vielleicht nicht heute und nicht morgen. Aber irgendwann einmal wird er sich erinnern und seinen Kindern und Enkeln von dem Tag erzählen, als er zum ersten Mal einen wilden Wolf sah.

In den nächsten Tagen war ich mit meiner Gruppe von Sonnenauf- bis Sonnenuntergang im Park unterwegs. Täglich sahen wir Wölfe, Kojoten, Bisons, Hirsche, Adler, und Henning schärfte unseren Blick für die Eichhörnchen.

Selbst Sabines Augen schienen sich auf die feinen Nuancen der Wildtierbeobachtungen durch ein Spektiv einzustellen. Anfangs hatte sie kaum etwas durch das Okular gesehen.

»Wo? Wo denn? Was seht ihr denn alle?«, klagte sie oft verzweifelt, während sie dagegen mit dem Fernglas auch den winzigsten Wolf entdeckte. Aber nach und nach schlossen auch Sabine und das Spektiv Freundschaft, und Sabine lernte die Vorteile der sechzigfachen Vergrößerung des Spektivs gegenüber ihrem Fernglas zu schätzen.

Nur selten schafften wir es, uns nach der Heimkehr ins Hotel noch einmal zusammenzusetzen, um bei einer Pizza über das Tagesgeschehen zu sprechen. Alle waren zu müde von der Kälte und den aufregenden Beobachtungen und machten sich meist schnurstracks auf den Weg ins warme Bett, um am nächsten Morgen wieder fit für neue Wolfssichtungen zu sein.

Am letzten Tag kletterten wir noch einmal auf Daves Hill. Von hier aus konnten wir drei Wolfsreviere überblicken, die sich teilweise überschnitten: Little America mit den Agates im Westen, das Slough-Gebiet mit den Sloughs im Süden und das Lamar Valley mit den Druids im Osten. Ich hatte die Spektive für die Gruppe aufgestellt. Es war der perfekte Tag mit Sonne, blauem Himmel und knirschendem Schnee. Wir schauten in alle Richtungen und suchten die Wölfe. Dann hörten wir hinter uns ein Heulen. Etwa fünfhundert Meter entfernt stand ein grauer Wolf und heulte sich die Seele aus dem Leib. Prompt folgte die Antwort von der anderen Seite des Tals. Dann fiel auch noch die dritte Wolfsgruppe ein. Wir waren umringt und eingebunden in einen Chor aus Wolfsstimmen. Wie ein Kreisel drehten wir die Spektive herum, um alle Wölfe zu orten und zu sehen. Die Agates waren am nahesten und sehr empört über die möglichen Eindringlinge in ihr Revier. Ihr Heulen ging in ein Warnbellen über. Die Druids schimpften auf die Agates, schließlich waren sie zuerst da. Und auch der einsame Heuler konnte sich nicht beruhigen. Über eine Stunde lang lieferten sich die Wölfe einen Superstar-Gesangswettbewerb.

Sabine, Katrin, Henning und Rolf nahmen am nächsten Tag schweren Herzens Abschied von Yellowstone. Sie alle wollen wiederkommen.

Es ist wunderbar, dass die Wölfe in Yellowstone so gut sichtbar sind und vielen Menschen die Gelegenheit geben, Einblick in ihr Familienleben zu nehmen. Dennoch bin ich manchmal traurig darüber, dass Yellowstone das Geheimnis der Wolfsbeobachtung verändert hat. In den ersten Jahren kostete es sehr viel Mühe, Geduld und Zeit, die großen Beutegreifer zu entdecken. Heute kann man an jedem gewöhnlichen Tag die Straße durch das Lamar Valley fahren und sie sehen. Wenn die Gegenwart von Wölfen eine alltägliche Erscheinung wird, verliert sie ihr Geheimnis. Dann verlieren auch wir etwas.

Mir helfen dann meine Reiseteilnehmer, die mir mit ihrer rückhaltlosen Begeisterung für die Schönheiten der Natur die Demut zurückgeben und mich wieder öffnen für das Zauberland, in dem ich sein darf.

ANGEKOMMEN

Im Mai brach ich zu einer Wanderung in die Wildnis auf. Ich parkte mein Auto an Footbridge und packte meine Ausrüstung für eine Tageswanderung. Der Morgen war noch kühl, aber der Wetterbericht stimmte mich auf einen warmen Sonnentag ein. Noch stand ich als Einzige auf dem Parkplatz. Rick war schon vorbeigefahren und hatte mir zugewinkt. Anscheinend gab es im Soda Butte Valley keine Wolfsignale. Ich war heute sowieso weder auf Bären- noch auf Wolfssuche. Ich wollte einfach nur in die Wildnis eintauchen.

Das Fernglas um den Hals, verzichtete ich darauf, das schwere Spektiv mitzunehmen. Aber das Bärenspray musste bei einer Wanderung im Grizzlygebiet sein. Meine kleine Kamera und ein Notizbuch stopfte ich in den Anorak, der aus allen Nähten zu platzen drohte. Im Rucksack befand sich Regenkleidung, ein leichtes Sweatshirt, ein Erste-Hilfe-Päckchen, ein aufblasbares Sitzkissen, Verpflegung und das obligatorische Tagebuch. Sollte ich jemals in eine Schlucht stürzen und nicht mehr gefunden werden, konnte ich so noch ein paar »letzte Worte« für meine Familie hinterlassen. – Ich hatte ganz offensichtlich zu viele Abenteuergeschichten gelesen. Zwei Wasserflaschen in den beiden Seitentaschen des Rucksacks machten ihn ziemlich schwer. Ich hievte ihn auf den Rücken und zog die Gurte fest. Dabei befestigte ich am Hüftgurt auf der einen Seite das Bärenspray und auf der anderen Seite das Funkgerät. Als ich dazu noch die Wanderstöcke in die Hand nahm, überlegte ich mir belustigt, wie ich bei einem möglichen Bärenangriff den Gebrauch all meiner »Waffen« koordinieren sollte.

Ich machte mich auf den Weg zum Specimen Ridge Trail, der

in einem großen Bogen nach Süden ins Cache Creek Gebiet führt. Vom Parkplatz stieg ich zum Lamar River hinunter und lief über die kleine Holzbrücke weiter durch die hüfthohen Wüstenbeifußsträucher über eine große Ebene. Plötzlich sah ich eine Bewegung von links. Ein Kojote trabte furchtlos an mir vorbei und ignorierte mich. Dass ich ihm noch nicht einmal einen Seitenblick wert war, schmerzte ein wenig. Links neben mir erhob sich Dead Puppy Hill. Der Hügel wurde so genannt, weil vor vielen Jahren Wölfe dort eine Kojotenhöhle ausgeräumt und alle Welpen getötet hatten. Noch heute ist er ein beliebtes Höhlengebiet für die kleinen Kaniden. Ein Murmeltier sonnte sich auf einem Stein. Weit über mir, am Mount Norris, grasten Dickhornschafe. Ich wanderte weiter über Stock und Stein, tief in das Cache Creek Gebiet hinein. Dabei achtete ich stets darauf, eine gute Sicht zu haben, um so eventuell Bären ausweichen zu können. Ich sang nicht, pfiff nicht und redete auch nicht laut mit mir selbst. Aber ich war sehr aufmerksam und hatte alle Sinne geschärft. Ein paar Bisons standen auf dem Weg und schauten mir zu, als ich sie weiträumig umging. Große Mengen Bisondung wiesen darauf hin, dass mein Wanderweg auch von den zotteligen Riesen geschätzt wurde.

Bisher war das »gefährlichste« Tier, das mir begegnete, ein Dachs, unverwechselbar mit seinen Längsstreifen auf dem Kopf. Dachse sind wegen ihrer Angriffslust gefürchtet. Nur wenige Tiere legen sich mit ihnen an. Dieser hier war sich wohl seines Rufes bewusst und ließ sich beim Graben seines Baus nicht stören.

Ohne schattenspendende Bäume wurde es schnell heiß. Also wieder Rucksack absetzen, Jacke ausziehen, Wasser trinken. Weiter. Der Beifuß verströmte einen intensiven Geruch und wuchs hier schon sehr viel höher. Kein Wunder, dass man aus der Ferne die Wölfe nicht sehen konnte, wenn sie zwischen den ein bis zwei Meter hohen Büschen hindurchliefen. Ich berührte die winzigen silbrigen Haare auf den kleinen Blättern. In wenigen Wochen würde der Beifuß blühen und die Ebene für kurze Zeit in ein gelbes Meer verwandeln, bevor der heiße Sommer wieder alles austrocknete. Überall brummte und summte es. Am Himmel kreisten zwei Steinadler. Ich kam nur langsam voran, denn immer wieder blieb ich stehen, um ein neues Naturwunder zu bestaunen. Erdhörnchen setzten sich auf die Hinterbeine und schauten verwundert, als sie mich sahen. Mit einem kurzen Warnpfiff verschwanden sie in ihren Bauten, um gleich darauf an einer anderen Stelle der unterirdischen Tunnel wieder aufzutauchen. Ihre Neugier war größer als die Vorsicht.

Nachdem ich etwa drei Stunden gewandert war, kletterte ich auf einen kleinen Hügel und wollte mir gerade eine Pause gönnen, als ich auf dem gegenüberliegenden Berg in etwa zwei Kilometer Entfernung zwei braune Punkte entdeckte, die sich schwerfällig bewegten. Schnell waren Hitze und Hunger vergessen. Durch das Fernglas sah ich zwei Grizzlybären – ein erwachsenes und ein etwa einjähriges Tier. Sie gruben nach Wurzeln und Würmern, drehten Steine um und fraßen.

Der Griff nach dem Pfefferspray beruhigte mich, während ich die Bären weiter beobachtete. Langsam zogen sie in meine Richtung. Ich wollte gerade aufstehen und mich bemerkbar machen, da hatten sie schon meine Witterung aufgenommen. Mit erstaunlicher Geschwindigkeit drehten sie auf dem Absatz um, rannten den steilen Berg hinauf und verschwanden über die Bergkuppe. Niemals fühlte ich mich in dieser ganzen Zeit auch nur annähernd in Gefahr. Aber ich war hellwach – mit allen Sinnen. Fühlte mich wunderbar lebendig! Alles wurde plötzlich größer, präsenter. Das ist es, was Wildnis und die Begegnung mit wilden Tieren mit uns macht. Sie wirft uns zurück in unsere Urinstinkte, unsere Urangst.

Hier war ein Tier, das einen Elch mit einem einzigen Schlag seiner Pranken töten konnte. Das einen liegenden Baumstamm mit den Krallen zu Staub zerriss, um an ein paar winzige Ameisen und Käfer zu kommen. Und dieses Tier lief in Panik vor einem Menschen davon.

Ich hüte mich davor, die Flucht der Grizzlys für selbstverständlich zu nehmen und überheblich zu werden. Viel zu oft glauben wir, dass wir die Wildnis kontrollieren können. Wir haben das Pfefferspray zu unserem Schutz und können mit dem Satellitentelefon Hilfe rufen, wenn wir uns verlaufen haben. Bis schließlich einmal etwas geschieht, das wir nicht erwartet haben.

Im Mai 2010 wurden nachts auf einem Campingplatz in Cooke City drei Camper von einer Grizzlybärin mit drei Jungtieren in ihrem Zelt angefallen. Ein Camper wurde getötet, die anderen beiden verletzt. Die anschließende Untersuchung der US-Wildbehörde kam zu dem Ergebnis, dass es für die Bären keinen Grund gegeben hatte, anzugreifen. Weder hatten die Camper Lebensmittel in ihren Zelten, noch waren die Bären krank oder verletzt und dadurch verhaltensauffällig. Die Urlauber hatten alles richtig gemacht und waren wohl einfach nur zur falschen Zeit am falschen Ort. Die Grizzlybärin wurde eingeschläfert, ihre drei Jungen in einen Zoo gebracht. Dort werden sie nun bestaunt als »die Bären, deren Mutter einen Camper getötet hat«.

Die Wildnis ist nicht berechenbar und nicht kontrollierbar. Vermutlich ist es genau das, was sie für so viele Menschen – auch für mich – so anziehend macht. Ich bin gern in der Wildnis und genieße es, bei meinen Wanderungen Gebiete zu durchstreifen, in denen ich keinem anderen Menschen begegne. Ich empfinde tiefen Respekt und Demut, wenn ich einen Blick in den Alltag der Wildtiere werfen und so ein wenig an ihrem Leben teilhaben kann.

Rick McIntyre erzählte uns einmal von einem großen, ruhigen Mann, der einige Tage lang mit seiner Familie die Wölfe beobachtet hatte. Die Familie kam ins Gespräch mit Rick. Der Biologe erzählte eine Geschichte vom Druid-Leitwolf Nummer 21 M: In jedem Jahr testete der weibliche Wolfsnachwuchs aufs Neue seine Unabhängigkeit und ignorierte den Beschützerwillen des Vaters. Einmal waren den jungen Rüden aus dem Nachbarrudel die jungen Druid-Weibchen aufgefallen. Sie kamen ins Revier des alten Leitwolfes und versuchten, mit ihnen zu flirten. Der Vater machte nicht viel Aufhebens um die Eindringlinge. Obwohl er sie leicht hätte töten können, geleitete er sie nur von seiner Familie fort. Er wusste, dass er das Werben nicht würde stoppen können.

Schließlich, nach wochenlangem Hin und Her, kehrte eine der Töchter zurück. Sie war trächtig.

Während Rick die Geschichte der Gruppe erzählte, frage er:

»Hat irgendjemand von Ihnen Töchter im Teenageralter, die mit Jungs ausgehen, die Sie nicht leiden können?«

Der ernsthafte Mann, der die ganze Zeit allein gestanden hatte, nickte heftig und offensichtlich amüsiert. Die Reaktion des Mannes machte Rick neugierig, und so ging er zu ihm und fragte:

»Und, wie ist es bei Ihrer Tochter ausgegangen?«

Der Mann verhielt sich so, als habe er die Frage nicht gehört. Die Zeit verging. Rick war irritiert. Er wusste nicht, was er tun sollte. Vielleicht hatte er unbeabsichtigt etwas Beleidigendes gesagt?

Nach einer weiteren Pause wurde das Gesicht des Mannes weich, und Tränen standen in seinen Augen. In einem sanften Tonfall antwortete er, ja, er glaube, dass seine Tochter okay sei – letztendlich.

Rick bemerkte, dass da noch etwas war, wollte ihn aber nicht drängen. Schließlich drehte sich der Mann um und ging fort, ohne ein Wort zu sagen.

Ein anderer Mann aus der Familie, der das Gespräch mit angehört hatte, trat zu Rick. Er war außer sich vor Freude.

»Ich weiß nicht, ob Sie bemerkt haben, was gerade passiert ist. Aber es ist erstaunlich«, sagte er dankbar.

Er erzählte, dass die Tochter des Mannes große Probleme in ihrem Leben gehabt habe und schließlich als junges Mädchen gestorben sei. Der Vater hatte nach dem Schicksalsschlag mit niemandem mehr über sie gesprochen, noch nicht einmal mit Verwandten – bis zu diesem Tag.

Die Begegnung mit den Wölfen und die Erfahrung, für kurze Zeit an ihrem Familienleben teilhaben zu können, hatte sein langes Schweigen beendet. Die Familie ließ Rick später wissen, dass sie es nach diesem Erlebnis schließlich geschafft hätten, die Vergangenheit hinter sich zu lassen.

Rick hatte schon öfter miterleben dürfen, welche Wirkung Yellowstone auf seine Besucher hat. Einigen hilft es, die Hektik des Alltags hinter sich zu lassen. Andere finden, während sie sich in die grandiose Landschaft vertiefen, einen tiefen, bislang ungekannten Sinn in ihrem Leben.

So wie die Wölfe ein krankes Ökosystem geheilt haben, so heilen sie auch die Seelen der Menschen und füllen die Leere in ihnen. Es gibt kaum jemanden, der unberührt wieder nach Hause fährt.

Wildnis ist ein Ort, der Trost bietet. Auch ich durfte schon einige Male diese heilende Wirkung erfahren. Innerhalb kurzer Zeit waren meine alte Hündin Lady und zwei gute Freunde gestorben. Ich trauerte lange. Trost fand ich, als ich zurück in Yellowstone war. An einem Ort, an dem ich fünfzig Millionen Jahre alte versteinerte Bäume berühren kann, in dem unter mir eine riesige Kammer aus glühender Magma brodelt, an einem solchen Ort fühle ich mich winzig und klein. Nicht geringer – im Gegenteil. Hier kann ich mich selbst im großen Plan der Dinge sehen, als Teil eines Ganzen. Das gibt mir immer wieder einen tiefen Frieden.

Warum suchen wir Trost in der Natur? Warum fühlen wir uns so gut, wenn wir Tiere sehen, hören, riechen oder fühlen? Wenn wir einen Baum betrachten und den Duft von Blumen riechen? Wenn wir einem reißenden Fluss zuschauen oder auf einen ruhigen See blicken?

Wenn ich draußen in der Natur bin, bin ich niemals allein und fühle mich nie einsam. Wenn ich auf einem Hügel sitze und über das Lamar Valley schaue, dann stockt mir manchmal der Atem vor so viel Schönheit, Wunder, Einfachheit und Vielfalt. Es gibt eine Zeitlosigkeit in extremer Schönheit. Die Gegenwart verschwindet nicht, sie wird zur Ewigkeit.

Von den Wölfen habe ich gelernt, im Augenblick zu leben. Gerade wenn ich merke, dass ich durch äußere Umstände gestresst bin und dazu neige, ungehalten oder ungeduldig zu werden, versuche ich innezuhalten und etwas zu tun, das mich entspannt. Ich gehe in den Wald oder spiele mit meinem Hund. Durch mein Leben in der Wildnis und die Beobachtung der Wölfe bin ich ein gutes Stück positiver geworden. Ich bemühe mich jetzt mehr, den anderen zu verstehen. Und ich versuche, meine Erwartung, dass andere Menschen ebenso denken müssen wie ich, zu reduzieren. Ich versuche nicht mehr, die Welt über Nacht zu verändern. Ich versuche auch nicht mehr, andere von meinen Ansichten zu überzeugen. Es gibt immer Menschen, die offen sind und die etwas verändern wollen. Es liegt an ihnen, die Welt zu einem besseren Ort zu machen. Ich kann nur Anstöße geben.

Viele Menschen, die einmal wilde Wölfe gesehen haben, gehen dankbar nach Hause. Einige von ihnen werden sogar verstehen, dass es nicht nur reicht, Wölfe zu schützen, sondern dass wir auch die zu ihnen gehörende Natur schützen müssen. Gigantische Landflächen werden zersiedelt und bebaut. Zu erleben, wie sensibel die Natur ist, wie sich alles zusammenfügt, verändert uns vielleicht.

Wildnis ist in uns und um uns herum. Manchmal verdrängen wir, wie wichtig sie für uns ist. Wir sehnen uns nach ihr zurück. Das erlebe ich bei jedem Menschen, der zum ersten Mal in die Augen eines Wolfes sieht.

Die Wildnis und die Wölfe haben mich auf der Suche nach mir selbst etwas ganz Besonderes finden lassen: ein Gefühl von Demut und Ehrfurcht darüber, welcher Platz mir in der Natur zugewiesen wurde.

Ich habe in Yellowstone viele Wölfe kennenlernen dürfen, die mich mit ihrer Persönlichkeit berührt haben.

Da war die Wölfin, die einen Stock im Maul trug und ihre Welpen damit lockte, ihr durch den schnell fließenden Fluss zu folgen. Die Kleinen standen vor dem kalten Wasser und lernten ihre erste Lektion: Leben bedeutet, sich der Gefahr zu stellen.

Dann der berühmte Leitwolf der Druids, Nummer 21. Er hatte mehr Persönlichkeit als viele Menschen, die ich kenne.

Und er hatte wahrlich das Herz eines Wolfes. Kamen Bären in sein Revier, starrte er sie nur an und machte ihnen klar, dass dies sein Territorium war.

Ich sah Wölfe jagen. Mit hellwachen Augen umkreisen sie eine Herde. Dabei wird ihre Intelligenz ebenso spürbar wie ihre Grazie. Sie sehen das Unsichtbare, kennen die Schwäche ihrer Beute. Ich sah sie großwerden und Welpen aufziehen. Sah das graue Fell des Alters. Sah sie Wunden lecken und Kämpfe gewinnen. Sah sie mit blutigen Lefzen aus dem Kadaver eines Beutetieres auftauchen.

Sie haben mich Freiheit gelehrt und Treue. Verrat, Trauer und Verlust. Sie haben mir beigebracht, wie wichtig eine Familie ist, dass wir die begrüßen, die wir lieben, und dass wir das Leben feiern, selbst wenn es nur ein kurzer Augenblick im grünen Gras des Lamar Valley ist.

Sie lehrten mich die zu finden, die ich verloren glaubte, die Grenzen des Lebens zu respektieren und das zu verteidigen, was zu einem gehört, selbst bis zum Tod.

Ich sah sie spielen, heulen, kämpfen. Erlebte ihre Romanzen und Lieben.

Ich sah, wie sie das Leben um sich herum stärker, wilder, gesünder und geheimnisvoller machten.

Ich habe sie leben und sterben sehen, und ich behalte sie in meiner Erinnerung und für alle Zeit in meinem Herzen.

Mein Leben hat sich in Vielem verändert, seit ich mehr im Einklang mit der Natur lebe. Ich sehe mich jetzt als ein Teil meiner Umwelt. Das bedeutet auch, dass ich Verantwortung für sie trage. Ich kaufe meine Lebensmittel beim örtlichen Bauern und pflanze meinen Salat selbst an. Ich brauche keine Erdbeeren im Winter, sondern ernähre mich nach den Jahreszeiten. Ich spare Energie, fahre ein kleines Auto oder mit dem Zug. Zugegeben – meine Flüge nach Amerika zur Wolfsforschung passen nicht in dieses Konzept. Ich bin nicht perfekt und mache auch Fehler. Doch so wie die Wölfe gehe ich jetzt entspannter durch das Leben. Ich liebe meine Familie und meine Freunde und genieße jede Minute, die ich draußen in der Natur bin. Wildnis finde ich auch im heimischen Wald. Ich freue mich, wenn ich Füchse sehe oder Rehe beobachten kann. Sogar einen Dachs habe ich schon beim Hundespaziergang entdeckt. Die Wunder der Natur sind überall.

Als ich vor über zwanzig Jahren mein altes Leben hinter mir ließ, hatte ich einen Traum: Ich wollte wilde Wölfe erleben. Zunächst jedoch erlebte ich den Spott von Freunden, finanzielle Probleme und einen gesellschaftlichen Abstieg.

»Wenn du das wirklich willst, dann musst du es tun«, riet mir meine beste Freundin.

»Woher weiß ich, dass ich es wirklich will und dass es nicht nur ein kurzzeitiger Spleen ist?«

»Du musst brennen. Du musst es mehr als alles auf der Welt wollen und bereit sein, viel dafür aufzugeben. Wenn du stark genug brennst, dann schaffst du es auch.«

Das Feuer in mir brannte stark, um mich gegen alle Widerstände durchzusetzen. Ich hatte mich auf den Weg gemacht, meinen Traum zu erfüllen.

In Wolf Park habe ich Wölfe geküsst und Kojoten gestreichelt und in Minnesota mit wilden Wölfen geheult. In Yellowstone schließlich fand ich meine Erfüllung.

Jeder von uns kann sich seine Träume erfüllen. Auch Sie! Dazu müssen Sie weder Wölfe küssen noch in weite Länder reisen. Wofür brennen Sie? Was ist Ihr sehnlichster Wunsch? Im Alter noch einmal studieren? Aus Ihrer unglücklichen Ehe ausbrechen? Oder einen eigenen kleinen Laden eröffnen? Sie können es. Lassen Sie sich von nichts und niemandem abhalten. Schauen Sie mich an – wagen Sie es, zu träumen, und vertrauen Sie darauf, dass Sie es schaffen werden.

Vertrauen ist die größte Lektion, die ich in meinem neuen Leben gelernt habe. Tiere kennen keine Zweifel. Sie leben in einer Art Urvertrauen. Das bedeutet nicht, dass sie keine Katastrophen erleiden. Aber sie vertrauen darauf, dass alles gut werden wird. Also vertrauen auch Sie! Folgen Sie Ihrem Traum. Machen Sie sich auf den Weg!

DANKE!

Mein erster und größter Dank gilt meinen Eltern, ohne die es dieses Buch nicht gäbe. Sie haben es mir möglich gemacht, meinen Traum zu leben, indem sie mich immer wieder – selbst bei den wagemutigsten Unternehmen – unterstützt, mir den Rücken frei gehalten und sich liebevoll um meine Hündin Lady und später auch um Shira gekümmert haben, sodass ich ohne Sorgen immer wieder auch für längere Zeit nach Yellowstone fliegen konnte.

Meiner Lektorin vom Aufbau Verlag, Franziska Günther, gebührt meine ganze Hochachtung und Bewunderung, dass sie nie nachgelassen hat, mich zu drängen, mein Innerstes nach außen zu kehren – oft gegen meinen erbitterten Widerstand. Ihr ist es zu verdanken, dass dies mein persönlichstes Buch wurde. Dem ganzen Verlagsteam danke ich für das herzliche Willkommen, das sie mir in Berlin bereitet haben, und für die tolle Zusammenarbeit.

Viele Freunde haben das Manuskript in den verschiedensten Stadien gelesen und wertvolle Vorschläge gemacht: Roswitha Lohrenz, Corina Orth, Geli Kohlbecker, Sabine Fladung-Wagener, Doris Mattow. Eine ganz besondere Hilfe und Inspiration war Sabrina Müller, die das Manuskript von Anfang an begleitet und vorlektoriert hat. Ihre Ideen waren und sind von unschätzbarem Wert für mich.

Danke auch meinem Agenten, Michael Wenzel von Editio Dialog, für seinen Langmut und seine Geduld während schwieriger Auseinandersetzungen um das Buch.

Alle aufzuzählen, die mir auf meinem wölfischen Weg geholfen haben, würde das Buch sprengen. Sollte ich jemanden vergessen haben, bitte ich schon jetzt um Nachsicht. Danke: meinem »Wolfsvater« Erich Klinghammer von Wolf Park für die einmalige Gelegenheit, meinen ersten Wolf zu küssen und in Wolf Park zu praktizieren; meinem guten Mitforschungsfreund und Co-Autor Günther

218

Bloch und seiner Frau Karin für die langjährige Zusammenarbeit und den regen Austausch in Sachen Freilandforschung; Rick McIntyre vom Yellowstone-Wolfsprojekt, dessen größter Fan ich bin, für die Gelegenheit, im Lamar Valley Wölfe zu beobachten und ein Teil des Projektes zu sein; allen Yellowstone-Wolfaholics, insbesondere Laurie Lyman für die täglichen E-Mail Updates.

Die Firma Zeiss sponsert Spektiv und Fernglas für meine Beobachtungen. Ohne diese großartigen Geräte wären manche Freilandbeobachtungen nicht möglich gewesen.

Dan Hartman, Gerry Hogston und ganz besonders Gunther Kopp haben großartige Fotos für das Buch gestellt.

Für seinen wunderbaren Buchtrailer werde ich ewig in der Schuld von Tierfilmer Bob Landis stehen.

Und schließlich möchte ich allen danken, denen ich bei einer Wolfsreise oder als Guide die Yellowstone-Wölfe zeigen durfte. Eure Begeisterung und Freude waren eine Inspiration für mich.

Mein letzter Dank geht an die Wölfe, die mich geküsst und verzaubert haben und die mir erlaubt haben, ein Teil ihres Lebens zu sein.

ANHANG

Zum Cover-Foto: Das Geheimnis des Wolfskusses

Wölfe küsst man nicht. Auch wenn der Kuss eines Wolfes der Beginn meines neuen Lebens war, so weise ich bei meiner Arbeit und in meinen Büchern immer wieder darauf hin, dass Wölfe wild bleiben sollen, man sie Wolf sein lässt und sie am besten aus der Ferne betrachtet.

Ich halte es darum für wichtig, zu erklären, wie das Foto des Wolfskusses entstand.

Solche Aufnahmen können nur mit wenigen, handaufgezogenen Tieren gemacht werden. Die Wolf-Park-Wölfe waren solche Tiere. Sie wurden als Welpen von Menschen mit der Flasche gefüttert und großgezogen, bis sie alt genug waren, um zu ihren Eltern zurück ins Gehege gebracht zu werden. Diese Wölfe hingen auch als erwachsene Tiere noch an ihren menschlichen Zieheltern (und allen anderen Zweibeinern) und freuten sich jedes Mal riesig, wenn wir ins Gehege kamen. Wölfe zeigen ihre Freude und Verbundenheit dadurch, dass sie einander die Mundwinkel lecken. Das ist also das Geheimnis des Wolfskusses.

Die Cover-Aufnahmen für dieses Buch wurden im Wildpark Lüneburger Heide gemacht, wo eine gute Freundin von mir, Tanja Askani, Polarwölfe von Hand aufgezogen hat. Solche Fotos brauchen normalerweise ausreichend Zeit für Vorbereitung. Das Wetter und die Lichtverhältnisse müssen stimmen: Die besten Fotos entstehen im Winter, wenn die Wölfe noch ihr prächtiges dickes Winterfell haben. Und das zweibeinige Fotomodell muss ausgeruht sein.

»Die Wölfe merken es, wenn du angespannt bist«, sagte Tanja Askani. Unausgeschlafene und nervöse Zweibeiner machen auch die Wölfe unruhig. Und alles, was man will, wenn man einen Wolf »küsst«, ist ein völlig entspanntes Tier.

»Wolfsfeste« Kleidung ist wichtig. Sie muss dem Ansturm des

Wolfs standhalten (keine Wollpullover, die Fäden ziehen) und eine ordentliche Portion Dreck vertragen, und sie muss farblich für die Kamera geeignet sein.

Wir hatten Glück bei den Aufnahmen. Ich war ausgeschlafen, die Wölfe entspannt, und die Sonne schien. Noran und Naaja, zwei schneeweiße Polarwölfe, sollten mit mir Modell stehen. Beide Wölfe waren handaufgezogen und mit Menschen vertraut, aber nicht abgerichtet oder dressiert. Es würde sich also bei diesem Fotoshooting alles nach den Wölfen richten. Sie würden zu nichts gezwungen werden. Alles, was sie taten, sollte freiwillig geschehen und so, dass sie nicht gestresst wurden.

Noran war ein sanftmütiger Hüne. Tanja nahm ihn an die Leine, und wir gingen in den Wald, um den perfekten Platz mit dem perfekten Licht für das Shooting zu finden. Ich hatte die Taschen voller Käsestangen (Gouda) und lockte damit die Zähne des Wolfes in die Nähe meines Gesichtes. Der Wolf nahm sanft den Käse aus meiner Hand und schleckte dabei ab und zu über mein Gesicht. Alles ganz einfach. Als Noran schließlich gelangweilt jede weitere Mitarbeit verweigerte, brachten wir ihn in sein Gehege zurück und holten die kleine Naaja. »Klein« ist ein relativer Begriff. Naaja war etwa zehn Monate alt, aber körperlich ein ausgewachsener Polarwolf. Wenn sie sich auf die Hinterbeine stellte, war sie fast so groß wie ich. Vom Gemüt her glich sie eher einem ungestümen Teenager.

»Bei ihr musst du auf deine Finger aufpassen«, warnte Tanja. »Sie ist ziemlich grob.«

Die Wolfsküsse waren damit vom Tisch. Wir machten noch einige Aufnahmen, bei denen Naaja an mir hochsprang, um an den Käse zu kommen. Meine Finger blieben heil.

Am Ende hatten wir eine Auswahl großartiger Cover-Fotos für dieses Buch erhalten.

Webseite Tanja Askani: http://www.tanja-askani.de

Ich habe nachstehend versucht, einige der Fragen zu beantworten, die am meisten an mich gestellt werden.

Wie viele Wölfe gibt es in Deutschland?

Aktuell (Frühjahr 2011) gibt es etwa sechzig freilebende Wölfe in Deutschland. Die meisten von ihnen leben in Sachsen, Mecklenburg-Vorpommern und Brandenburg. Vereinzelt sind Wölfe auch schon nach Bayern, Niedersachsen und Hessen gewandert.

Aktuelle Informationen über die deutschen Wölfe gibt es hier: Kontaktbüro Wolfsregion Lausitz:

www.wolfsregion-lausitz.de/

Wo kann ich in Deutschland Wölfe sehen?

Freilebende Wölfe

In Deutschland ist es fast unmöglich, einen wilden Wolf zu sehen. Die Tiere sind sehr scheu und fürchten die Menschen.

Es gibt aber die Möglichkeit, in der Lausitz an Exkursionen in die Wolfsgebiete teilzunehmen. Informationen:

www.wolfsregion-lausitz.de/veranstaltungen

Gehegewölfe

Es gibt zahlreiche Institutionen, Gehege und Zoos in Deutschland, die Wölfe halten. Leider bieten nur die wenigsten von ihnen den Tieren eine artgerechte Haltung. Da ich weiß, wie Wölfe in der Wildnis leben, ertrage ich es kaum noch, Gehegewölfe zu besuchen. Ich persönlich unterstütze die Arbeit des Alternativen Bärenparks® Worbis, weil mir die Idee dahinter zusagt. Der Tierpark nimmt gequälte Zirkusbären auf, gibt ihnen ein neues Zuhause. Auch eine Wolfsfamilie ist in einem Gemeinschaftsgehege mit Bären untergebracht:

www.baer.de

Empfehlenswert ist auch das neue Wolfcenter in Dörverden:

www.wolfcenter.de

Veranstalten Sie auch Wolfsreisen?

Interessierte haben die Möglichkeit, mich bei meinen Wolfsbeobachtungen im amerikanischen Yellowstone-Nationalpark zu begleiten und mir bei der Arbeit im Wolfsprojekt über die Schulter

zu schauen. Ein- bis zweimal jährlich nehme ich maximal vier Personen zu einer solchen Wolfsreise mit: www.yellowstone-wolf.de
Liveberichte von meinen Forschungsaufenthalten finden Sie hier:
http://yellowstone-wolf.blogspot.com

Gibt es Wolfspatenschaften?
In Deutschland
Im Rahmen seiner Initiative »Willkommen Wolf« bietet der NABU Wolfspatenschaften in Deutschland an. Aus den Spenden wird unter anderem ein Netzwerk von NABU-Wolfsbotschaftern aufgebaut. Außerdem setzt sich der NABU für den Erhalt geeigneter Lebensräume der Wölfe ein.
www.nabu.de/aktionenundprojekte/wolf

In Kanada
Mein Kollege und Wolfsforscher Günther Bloch bietet Wolfspatenschaften in Kanada an. Die Paten erhalten ein Foto sowie DVDs über ihren Patenwolf und viele Extras:
www.hundefarm-eifel.de/f_kanadaprojekt.html#patenschaften

Wo kann ich mich weiter über Wölfe informieren?
Das Wolf Magazin ist seit 1991 die einzige deutschsprachige Fachzeitschrift über Wölfe und andere wilde Kaniden. Hier findet der Leser interessante Reportagen, Fachartikel, Reiseberichte, aktuelle Nachrichten und Informationen, literarische Beiträge und zahlreiche Buchtipps zum Thema Wolf & Co:
www.wolfmagazin.de

Wolfsbücher der Autorin
Wölfisch für Hundehalter. Von Alpha, Dominanz und anderen populären Irrtümern
Elli H. Radinger und Günther Bloch; Kosmos 2010;

Die Wölfe von Yellowstone
Elli H. Radinger; Verlag von Döllen 2004;

Weitere Wolfs- und Hundebücher der Autorin finden Sie hier:
www.elli-radinger.de

BILDNACHWEIS